Roll, Strauch, Cavlovic, Yassine, von Riesen

Biogradable Packaging

GRIN Verlag

Bibliografische Information der Deutschen Nationalbibliothek:

Die Deutsche Bibliothek verzeichnet diese Publikation in der Deutschen Nationalbibliografie; detaillierte bibliografische Daten sind im Internet über http://dnb.d-nb.de/ abrufbar.

Impressum:

Druck und Bindung: Books on Demand GmbH, Norderstedt Germany
ISBN: 978-3-640-37334-5

Dieses Buch bei GRIN:

http://www.grin.com/de/e-book/131714/biogradable-packaging

Hausarbeit Verpackungstechnik

WS 2008/2009

Studiengang Lebensmitteltechnologie

Thema:

Biogradable Packaging

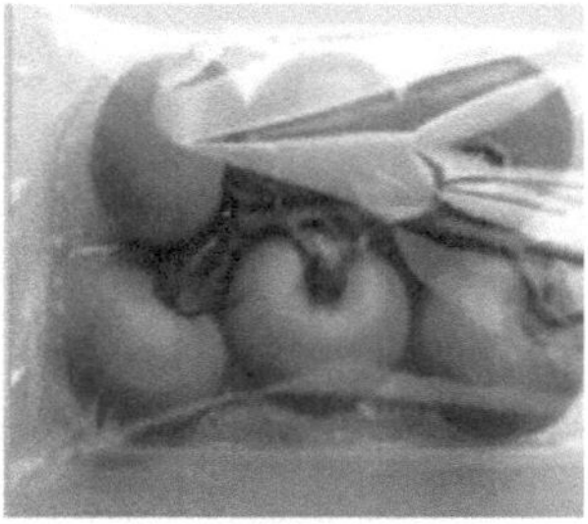

Name	
Lydia Strauch	
Klaudija Cavlovic	
Nadine Roll	
Soufiane Yassine	
Julia von Riesen	

Inhaltsverzeichnis

Allgemeines

Zunächst muss ein häufig anzutreffender Irrtum beiseite geschafft werden – nämlich der, dass Müll verschwindet, wenn er verbrannt wird. Er ändert lediglich seine Form und Zusammensetzung und bringt durch seine Verbrennung Unmengen von Schadstoffen in die Umwelt ein. Dazu gehören Schwer- und Halbmetalle (Blei, Quecksilber, Arsen), polychlorierte Biphenyle und Naphtaline und auch krebserregende Kohlenstoffverbindungen. Aber auch die klassischen Verbrennungsprodukte wie Stickoxide, Kohlenmonoxid und Schwefeldioxid gelangen als Umweltgifte in die Luft. Man muss nicht erwähnen, dass all diese Stoffe die Gesundheit des Menschen gefährden.[1]

Deshalb müssen die Industrie und auch die Verbraucher verstärkt dazu angehalten werden, einerseits wieder verwendbare Verpackungen zu nutzen, und andererseits damit die Schließung des Kohlenstoffkreislaufes für den Aufbau unserer nachhaltigen Wirtschaft befolgen.[2]

„*Stoffliche Verwertung und Ressourcenschonung auf allen Ebenen, wo immer es möglich ist*" lautet die Devise.[3]

Wirklich umweltfreundlich sind die sogenannten *bioabbaubaren Verpackungen*, da sie weitaus weniger Energie und Erdöl zur Herstellung benötigen.

Bioabbaubare Verpackungen werden unter Einwirkung von Mikroorganismen, Feuchte und Wärme abgebaut. Der Abbau erfolgt schrittweise bis auf die Grundbausteine. Dabei entsteht überwiegend Kohlendioxid und Wasser, aber auch Biomasse, woraus auf den Feldern wieder der Rohstoff für eine neue Verpackung entsteht. Ein perfekter Kreislauf eben![4]

Heutzutage gibt es eine große Vielzahl von bioabbaubaren Polymeren, die speziell für Anwendungen mit geringer Nutzungsdauer von Bedeutung sind, d.h. sie können prinzipiell alle herkömmlichen Kunststoffe in allen Anwendungen substituieren, in denen eine lange Lebensdauer nicht erforderlich ist. Wenn die primäre Nutzfunktion nach dem Gebrauch entfällt, sollen sie ohne großen Aufwand in möglichst geschlossenen, naturnahen Kreisläufen durch biologische Verfahren der Abfallbehandlung, wie z.B. der Kompostierung einer Wiederverwertung zugeführt werden.[5]

Der Einsatz von bioabbaubaren Polymeren ist prinzipiell dann sinnvoll, wenn die Funktion des biologischen Abbaus verlangt wird, wie z.B. bei einem Obst- oder Gemüsebeutel der zum Bioabfallsack wird oder auch wenn das konventionelle Recycling aufwendig, schwierig oder nicht möglich ist, eine Wiederverwertung aber gefordert ist wie eben bei Lebensmittelverpackungen. Weitere Anwendungsgebiete für biologisch abbaubare Polymere sind unter anderem die Landwirtschaft, der Gartenbau und der Fast Food - Bereich.[6]

Biologisch abbaubare Polymere können sowohl aus nachwachsenden, als auch aus fossilen Rohstoffen bestehen oder aber auch aus einer Mischung von beiden. Die Rohstoffherkunft spielt bei der Eigenschaft der biologischen Abbaubarkeit bzw. Kompostierbarkeit keine Rolle, nur die chemische Zusammensetzung ist von Bedeutung.[7]

Die derzeit wichtigsten bioabbaubaren Polymere, auf die später noch genauer eingegangen wird, sind:

Cellulose und Cellulosederivate
Stärke und Stärkederivate
Polyhydroxyfettsäuren (PHB)
Polymilchsäure (PLA)

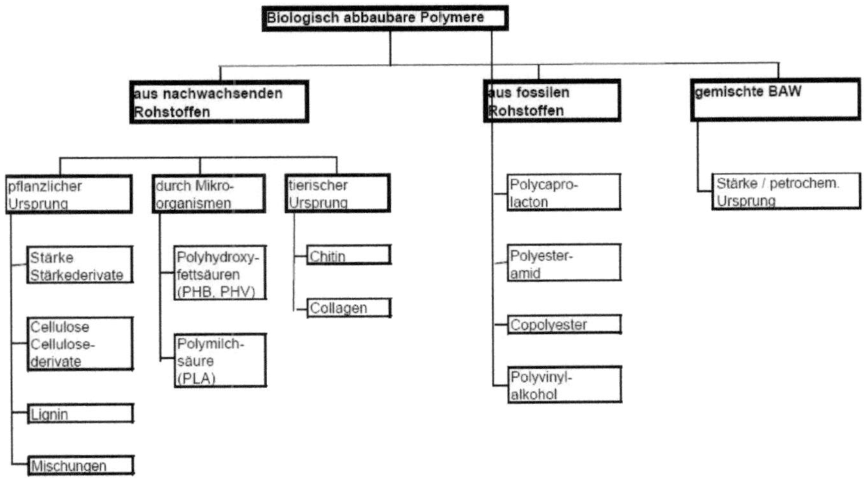

Abbildung 1: Überblick über biologisch abbaubare Polymere aus unterschiedlichen Rohstoffquellen[8]

Die folgende Abbildung zeigt den geschlossenen Kreislauf von biologisch abbaubaren Materialien auf Basis der Rohstoffe: Die nachwachsenden Rohstoffe werden in der Pflanze synthetisiert und gleichzeitig Wasser und Kohlendioxid aus der Atmosphäre entnommen. Anschließend erfolgt die Aufbereitung des Pflanzenmaterials zur Herstellung von biologisch abbaubaren Polymeren, die wiederum für die Herstellung von z.B. Verpackungen verwendet werden können. Nach der primären Nutzung der Verwendung können die durch Kompostierung abgebaut werden. Dabei entstehen Abbauprodukte (Kompost, Wasser, Kohlendioxid), die wieder in die nächste Generation bioabbaubarer Polymere eingehen.[9]

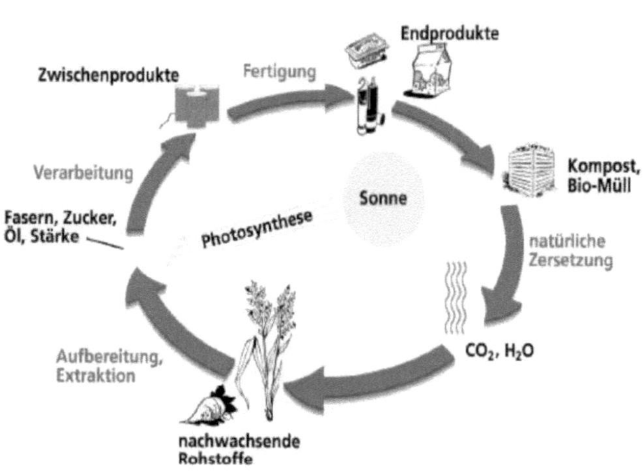

Abbildung 2: Stoffkreislauf mit biologisch abbaubaren Produkten auf Basis nachwachsender Rohstoffe[10]

Aufgrund von Entsorgungsproblemen und wachsenden Müllmengen, die auch auf ein wachsendes Volumen der Verpackungsabfälle zurückzuführen ist, haben bioabbaubare Verpackungen in den letzten Jahrzehnten zunehmend an Bedeutung gewonnen. Auch das wachsende Umweltbewusstsein der Bevölkerung, sowie die Notwendigkeit der Ressourcenschonung haben die Umwelt- und Abfallgesetzgebung der letzten drei Jahrzehnte massiv geprägt. Denn vorrangiges Ziel in der Konsumgüterdistribution muss die Vermeidung von Verpackungen sein, indem sie hinsichtlich ihrer Entsorgung optimiert werden. Dies ist auf verschiedenen Wegen möglich. Eine davon ist die umweltverträgliche Entsorgung nach einmaliger Verwendung wie z.B. durch den schon erwähnten biologischen Abbau. Denn aus biologisch abbaubaren Polymeren lassen sich kompostierbare Kunststoffprodukte herstellen.[11]

Die ersten Arbeiten zur Erzielung abbaubarer Kunststoffe erfolgten Anfang der 70er Jahre als Reaktion auf das Litter - Problem (Abfall, der in die Landschaft geworfen wurde). Man war darauf aus, dass dieser Müll durch das Sonnenlicht in Kombination mit Wärme, Luft, Wind und Wasser in Zukunft abzubauen sein soll.[12]

Erst Mitte der 80er Jahre wurde den bioabbaubaren Kunststoffen eine größere Bedeutung seitens der Öffentlichkeit und Forschung geschenkt. Die Ursachen waren sehr vielfältig. Zum einen lag es an der Faszination des Wortes „biologisch“ und zum anderen in der Hoffnung neue Entsorgungsmöglichkeiten durch Kompostieren in häuslichen und gewerblichen Anlagen zu schaffen. Aber auch die Erschließung neuer Absatzmöglichkeiten für nachwachsende Rohstoffe und die Schonung fossiler Vorräte gehörten ebenfalls zu den Ursachen.[13]

Da der Begriff „kompostierbar“ nicht geschützt ist und auch die Produkte aus biologisch abbaubaren Polymeren sich äußerlich kaum von den konventionell hergestellten Kunststoffen unterscheiden, hat die Wirtschaft ein Verfahren zur Zertifizierung und Kennzeichnung von kompostierbaren Produkten etabliert. In Deutschland wird die Zertifizierung von der DIN CERTO Gesellschaft für Konformitätsbewertung durchgeführt. Demnach unterliegen nachweislich kompostierbare Verpackungen bis 2012 nicht dem § 6 der Verpackungsverordnung, d.h. Hersteller und Vertreiber von Biopolymeren müssen sich nicht an einem Rücknahmesystem beteiligen. Durch die Freistellung von Entsorgungsgebühren von etwa 1500 Euro pro Tonne soll die Markteinführung von Biokunststoffen gefördert werden. Allein durch diese Regelung im Jahre 2005 haben sich die Marktperspektiven in Deutschland erheblich verbessert.[14]

Nach Prüfung der biologischen Abbaubarkeit (DIN V 54900-1) und Kompostierbarkeit nach normierten Prüfverfahren (DIN V 54900), sowie einer Produktzertifizierung durch Experten, gelten zertifizierte Produkte als nachweislich für die Kompostierung geeignet und dürfen demnach das in Abbildung 4 dargestellte Kompostierbarkeits-Logo tragen, welches mit einem breiten Schutzbereich in Europa geschützt ist.[15]

Vor- und Nachteile

Biologisch abbaubare Verpackungen weisen eine Vielzahl von Vorteilen auf, jedoch gibt es auch einige Nachteile. Die Vor- und Nachteile werden im folgenden Abschnitt näher erläutert.

Vorteile:[16]

gute Alternative zu den aus Erdöl oder Erdgas hergestellten, konventionellen Kunststoffen → Schonung fossiler Ressourcen wie Erdöl, Erdgas und Kohle

Erfüllung der Kundenwünsche nach Nachhaltigkeit

Verringerung des Entsorgungsproblems durch leichtere Entsorgung mittels Kompostierung

Verwendung von Kompost in der Landwirtschaft trägt zur Extensivierung bei → Minderung der Bodenerosion und Verbesserung der Bodenstruktur

Ansteigen der Bodenfruchtbarkeit und Erträge durch organischen Dünger (Kompost) → durch Einsparung von Kunstdünger werden weitere Umweltbelastungen vermieden

Besitzen eine hohe Wertschöpfung

Entlastung der CO_2 – Bilanz der Atmosphäre → umweltfreundlicher, klimaschonender

Senken der Schadstoffbilanz

Produkte, die oftmals in der Umwelt verloren gehen, werden abgebaut und verschmutzen nicht noch zusätzlich → Bewältigung des Litters

weniger Energieaufwand bei der Herstellung

tragen zur Erhaltung der biologischen Vielfalt bei und bereichern die Kulturlandschaft

Entsorgung aufgrund der Kompostierbarkeit günstiger als bei konventionellen Kunststoffen die durch Recycling wiederverwertet werden

Nachteile:[17]

wesentlich teurer als vergleichbare, konventionelle Kunststoffe, da Steigerung der Materialkosten

ein vorzeitiger biologischer Abbau, z.B. durch Mikroorganismen im Lebensmittel muss aus lebensmittelrechtlicher und funktionellen Gründen ausgeschlossen sein → Stabilität während der Nutzungsdauer muss erhalten bleiben

Sicherstellen, dass keine Gefahren von den Abbauprodukten ausgeht z.B. für das Sickerwasser von Deponien

biologisch abbaubarer Kunststoffabfall darf sich nicht mit den für das Recycling bestimmten Kunststoff oder sonstigen Stoffen (toxikologisch bedenkliche Stoffe) mischen, da sonst das Sekundärprodukt gefährdet wäre – die Vermischung kann überall erfolgen (bei der Verwendung, bei der Müllsammlung)

Polymilchsäure

Polymilchsäure (=Polylactidacid, PLA), auch Polylactid genannt, ist ein aliphatischer Polyester, der aus Milchsäure oder Polyglykolsäure hergestellt wird. Die PLA weist Eigenschaften eines teilkristallines, thermoplastischen Materials auf. Vermischt oder verblendet man den Stoff mit anderen Platifizierern, können die Eigenschaften der PLA nach eigenen Wünschen gestaltet werden. Es entstehen je nach Modifizierung steife bis flexible Produkte, die eine hohe Widerstandsfähigkeit gegen Feuchte, Alkohol und Fette aufweisen. Die Oberfläche ist glänzend sowie transparent und kann auf Wunsch eingefärbt werden.[18]

Die hergestellten Verpackungen sind im Vergleich zu PET steifer und lassen geringere Wandstärken zu. Ferner bietet PLA eine gute Durchlässigkeit für Feuchtigkeit und ist damit geeignet für den Einsatz bei Produkten, bei denen Kondenswasser entweicht.[19]

Zur Modifizierung werden Licht- und Wärmestabilisatoren, Gleitmittel und Pigmente zur Färbung hinzugefügt. Weiterhin können Füll- und Verstärkungsstoffe, Treibmittel und Vernetzungsmittel in das PLA-Granulat gemischt werden.

In Mischern werden die einzelnen Komponeten gut vermischt. Hierfür eignen sich im Falle der rieselfähigen PLA rotierende Mischbehälter oder –werkzeuge.[20]

Der Rohstoff wird als Granulat geliefert und kann durch Extrusion, Presstechnik oder das Spritzgussverfahren in die angestrebte Form gebracht werden.[21]

Will man sogenannte Halbzeuge herstellen, die in weiteren Verarbeitungsschritten fertiggestellt werden sollen, so bietet sich die Extrusion an.

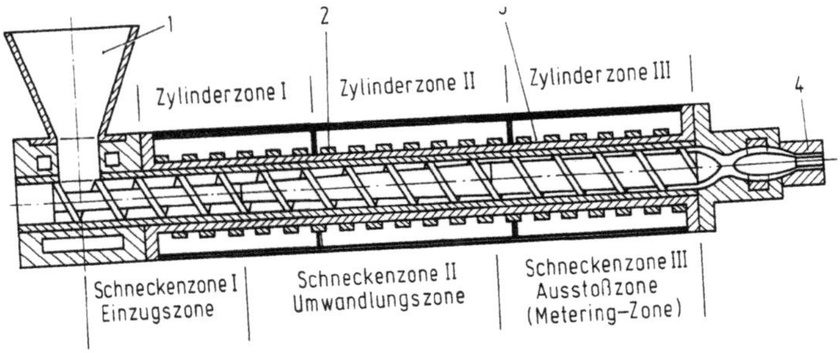

Abb. 5.1-4 Prinzip einer Plastifiziereinheit
1 Einzugszone mit Wasserkühlung, 2 Heizelemente, 3 Kühlkanäle, 4 Extrusionskopf mit Düse

Abbildung 3: Plastifiziereinheit[22]

Ein Extruder (vergleicheAbbildung 3) besteht aus einer rotierenden Schnecke und einem feststehenden, temperierbaren Gehäuse. In der ersten Zone, der Feststoffförderzone, wird das Granulat in die Maschine gegeben und durch die sich drehende Schnecke weiter gefördert. Auf Grund der hierbei entstehenden Wandreibung wird das Material aufgeheizt.
In der zweiten Zone, der Aufschmelzzone, ist das Granulat bereits vollständig geschmolzen und eventuelle Lufteinflüsse entweichen in Richtung der Feststoffförderzone.
In der Schmelzförderzone, der letzten Zone des Extruders, wird der Druck zur Überwindung des Düsenwiderstandes aufgebaut und die Schmelze wird homogenisiert. Am Extrusionskopf wird das geschmolzene Material durch die Düse gepresst und erhält dabei die gewünschte Form.[23]
Möchte man mittels Extrusion Hohlkörper herstellen, eignet sich das Verfahren des Blasformens (vergleicheAbbildung 4). Dabei wird ein Schmelzschlauch, auch

Vorformling genannt, extrudiert und in eine Blasform eingeführt. In dieser Form wird der Schlauch aufgeblasen und passt sich der Formwandung an.

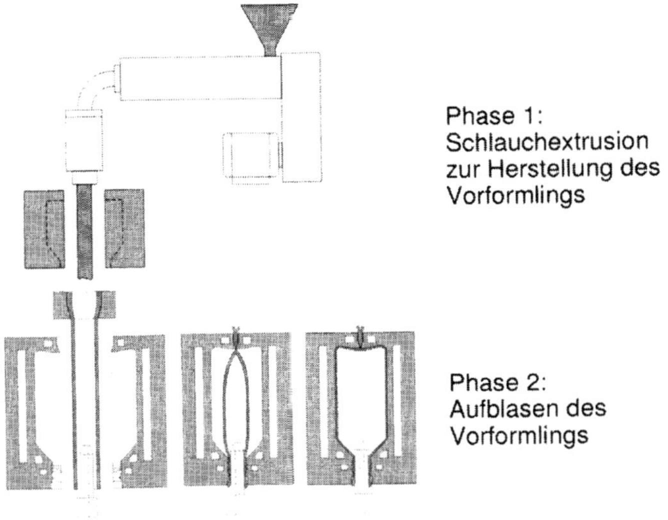

Abbildung 4: Schema des Blasformens[24]

Das Spritzgussverfahren (vergleiche Abbildung 5) stellt eine Abwandlung des Extrudierens dar. Es ist gut geeignet wenn man wirtschaftliche große Mengen an Formteilen herstellen möchte.

Auch Spritzgussmaschinen sind mit Schneckenplatifizieren ausgestattet, werden allerdings diskontinuierlich betrieben. Die Schmelze wird in die Kavität des Spritzgießwerkzeuges geben. Das Werkzeug wird verschlossen und die Schmelze wird bis zum Erstarren abgekühlt. Im Anschluss wird das Formstück ausgestoßen.[25]

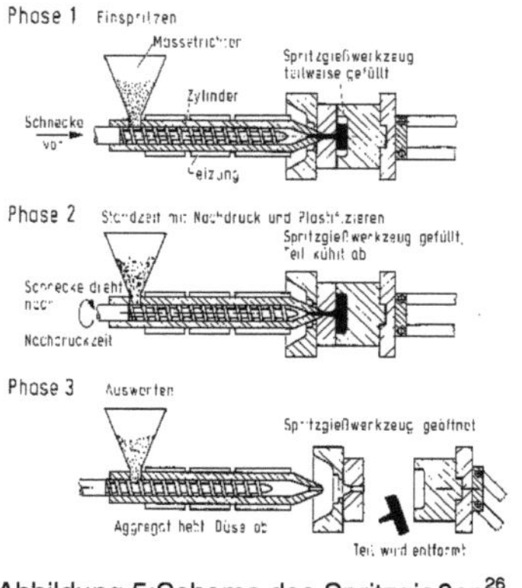

Abbildung 5:Schema des Spritzgießen[26]

Es wird für Verpackungsmaterial für Tiefkühlkost, Salate, Margarine und auch Kosmetik verwendet. Zudem werden auch Einwegprodukte wie Plastikteller oder Becher aus diesem Werkstoff hergestellt. Zudem findet PLA Verwendung als chirurgisches Nahtmaterial oder in Implantaten.[27]
Polymilchsäure kann auf Grund ihrer thermoplastischen Eigenschaften in alle gewünschten Formen gebracht werden. Zudem ist die Entsorgung der entstandenen Flaschen sehr unweltfreundlich. Polymilchsäure wird abgebaut indem Wasser in das Molekül eindringt und die Esterbindung hydrolytisch gespalten werden. Die entstehenden Moleküle werden dann von Mikroorganismen zu Wasser und Kohlendioxid zersetzt.
Der Abbau von hochkristalliner Polymilchsäure kann Monate bis Jahre dauern, der Abbau von amorphrer PLA jedoch nur wenige Wochen. PLA wird jedoch nur dann abgebaut, wenn Phosphate, Stickstoff, Salze, Wärme und Feuchtigkeit das Wachstum von Mikroorganismen zulassen Unter diesen Abbaubedingungen hängt die Geschwindigkeit des biologischen Abbaus von der Wandstärke der Produkte und der Umgebungstemperatur ab. Im Boden kann die Zersetzung mehrere Jahre dauern, im Gartenkompost geht es etwas schneller und in gewerblichen Kompostanlagen ist die PLA in ein paar Wochen abgebaut.[28]

Den Ausgangsstoff für die Herstellung bildet die Milchsäure, welche leicht durch bakterielle Fermentation von Zuckern gewonnen werden kann.[29]

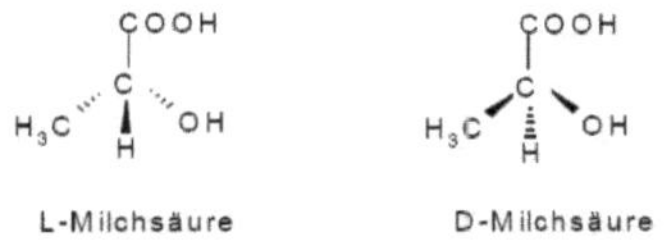

Abbildung 6: Struktur von Milchsäure[30]

Um aus der Milchsäure Polymilchsäure herzustellen gibt es zwei Möglichkeiten.

1. Die schrittweise Polykondensation

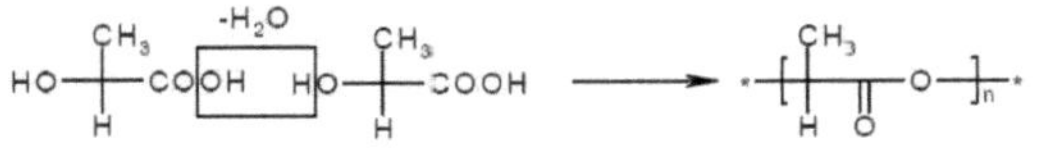

Aus obiger Abbildung ist zu erkennen, dass die Hydroxylgruppe eines Monomers unter Wasserabspaltung mit der Carbonsäuregruppe eines anderen Monomers reagiert. Für diese Polykondensation sind hohe Temperaturen, lange Reaktionszeiten und eine ständige Wasserabfuhr nötig. Die Ergebnisse dieser Reaktion sind unbefriedigten. Eine Abhilfe ist der Einsatz von Lösungsmitteln. Dies ist jedoch sehr teuer und wird daher nur vereinzelt in der Medizin angewendet da dabei hochmolekulare Polymere entstehen, welche absolut keine Fremdstoffe wie z.B. Katalysatoren enthalten. Die direkte Kondensation führt zu niedermolekularen Oligomeren. Eine gezielte Prozesssteuerung, bei der sich niedermolekulare Moleküle miteinander verketten und verzweigen, führt so zu größerem Molekulargewicht.[31]

2. Die Ringöffnungspolymerisation

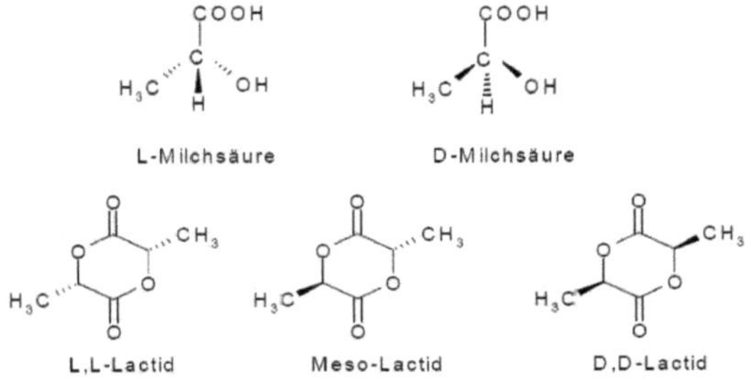

Abbildung 7:Strukturen von Milchsäure[32]

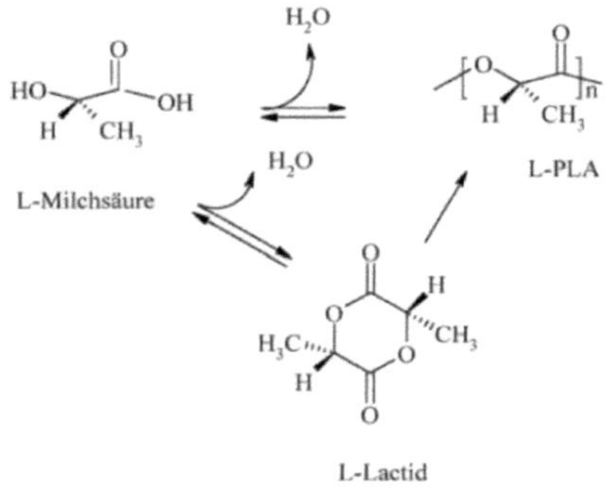

Abbildung 8: Reaktion von Milchsäure zu Polymilchsäure[33]

Für diese Reaktion muss die Milchsäure als ihr Dimeres vorliegen, welches Lactid genannt wird. Da es zwei Diastereomere der Milchsäure gibt, können drei verschiedene Arten von Lactid gebildet werden (siehe Abbildung 7).
Für diese Reaktion ist außerdem eine Lewis-Säure als Katalysator nötig.
Hierfür wird Zn(II)-Oktanoat verwendet, welches im Podukt bleibt. Um eine Katalyse der Rückreaktion durch Zn(II)-Oktanoat zu vermeiden, werden Stabilisatoren zugegeben. Diese Art der Gewinnung hat den großen Vorteil, dass dabei keine störenden Kondensationsprodukte wie z.B. Wasser entstehen.[34]
Im Rahmen der Ringöffnungspolymerisation kommt es unter Einfluss von Lewissäuren (=elektrophiler Elektronenakzeptor) oder Metall-Alkoxiden zur Bildung des PLA-Polymers (vergleiche Abbildung 9).[35]

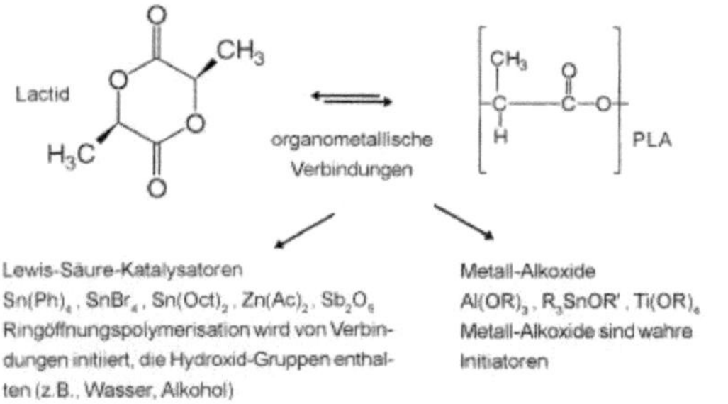

Abbildung 9: 1. Teilschritt der Polymerisation[36]

Die Reaktion verläuft in zwei Teilschritten. Zuerst wird ein Komplex zwischen Initiator (=Lewissäure bzw. Metall-Alkoxid) und Monomer gebildet. Danach kommt es zu einer Neuaurichtung der kovalenten Bindungen
Das Monomer wird zwischen der Metall-Sauerstoff-Bindung des Initiators eingefügt, indem die Acyl-Sauerstoff-Bindung des zyklischen Monomers gespalten wird, so daß das Metall mittels einer Alkoxid-Bindung in die PLA-Kette eingebaut werden kann (vergleiche Abbildung 10).

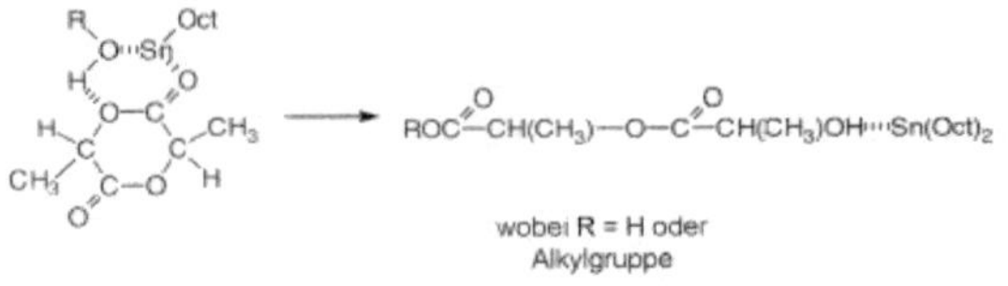

Abbildung 10: 2. Teilschritt der Polymerisation[37]

Abbildung 11: Verschiedene Produkt aus Polymilchsäure[38]

Polyhydroxyfettsäuren

PHAs (Polyhydroxyalkanoate) oder PHFs (Polyhydroxyfettsäuren, PHF) sind lineare Polyester, die in der Natur bei bakterieller Gärung von Zucker oder Lipiden vorkommen.
Die bekannteste Form von PHF ist die Polyhydroxybuttersäure, auch PHB genannt. Dabei handelt es sich um Polymere, die aus 1000 bis 30000 Hydroxyfettsäure-einheiten bestehen.

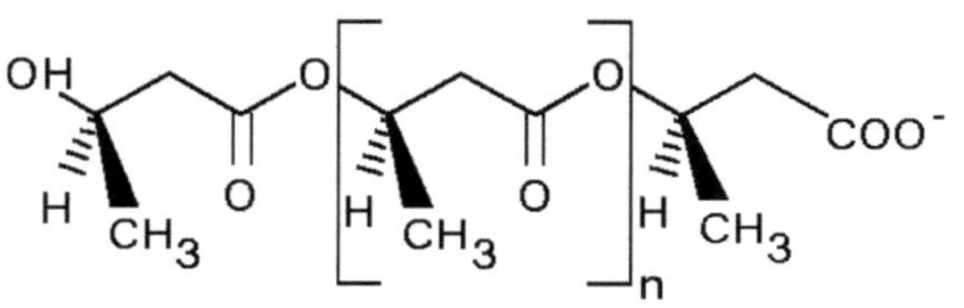

Abbildung 12: Struktur von Polyhydroxybuttersäure[39]

Heute sind ca. 70 Bakterienarten (vergleiche Tabelle 1) bekannt, die in Form von Fettsäuren (Polyhydroxyfettsäuren) Energiespeicher anlegen. Nach der Gärung macht das Polyester bis zu 80% des Bakteriengewichtes aus und kann extrahiert werden.[40]
In den Bakterien läuft folgender Stoffwechsel beim Aufbau von PHB ab: Ausgangstoff für die Bildung von PHB ist das im Stoffwechsel auftretende Acetyl-CoA. Dieses kondensiert unter Katalyse mit dem Enzym β-Ketothiolase zu Acetoaceytl-CoA. Danach erfolgt die Reduktion mit Hilfe des Enyzms Acetoacetyl-CoA-Reduktase. Hierbei ensteht β -D-Hydroxybutyryl-CoA. Unter dem Einfluss des Enyzms PHB-Synthase wird hieraus in Rahmen einer Polymerisationsreaktion PHB gebildet.[41] Die Vorgänge sind in folgender Abbildung dargestellt:

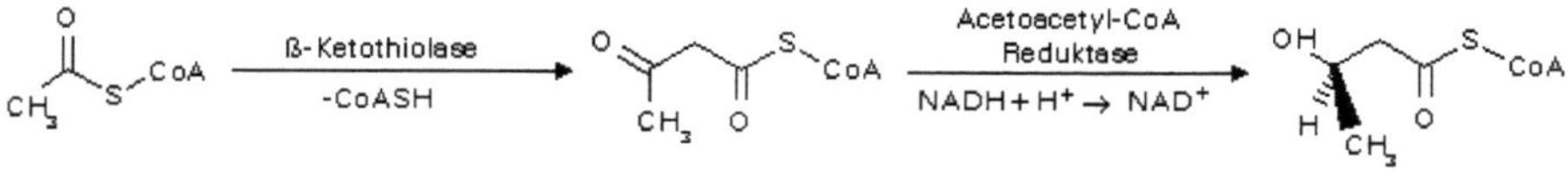

Abbildung 13: Stoffwechselvorgänge bei der Bildung von PHB[42]

Phototrope Bakterien	**Gramnegative aerobe Stäbchen u. Kokken**	**Endosporenbildende Stäbchen u. Kokken**
Rhodospirillum	Pseudomonas	Bacillus
Rhodopseudomonas	Zoogloea	Clostridium
Chromatium	Azotobacter	
Thiocystis	Azomonas	**Grampositive aspo-**
Thiospirillum	Beijerinckia	**rogene stäbchenf.**
Thiocapsa	Derxia	**Bakterien**
Lamprocystis	Azospirillum	
Thiodictyon	Rhizobium	Caryophanon
Thiopedia	Alcaligenes	
Ectothiorhodospira		**Actinomyceten**
	Gramnegative	
Gleitende Bakterien	**fakultative anaero-**	Streptomyces
	be Stäbchen	
Beggiatoa		**Methylotrophe**
	Chromobacterium	**Bakterien**
Scheidenbakterien	Photobacterium	
	Beneckea	Methanomonas
Sphaerotilus		Mycoplana
Leptothrix	**Gramnegative Kokki**	Methylobacterium
	und Kokkobacilli	Methylomonas
Knospende oder An-		Methylovibrio
hängsel tragende	Moraxella	
Bakterien	Paracoccus	**Cyanobakterien**
	Lampropedia	
Hyphomicrobium		Spirulina
Pedomicrobium	**Gramnegative**	Chlorogloea
Stella	**chemilithotrophe**	
Caulobacter	**Bakterien**	
Asticcaulus		
	Nitrobacter	
Gekrümmte Stäbchen	Thiobacillus	
	Micrococcus	
Spirilum		

Tabelle 1: Bakterien, die PHB produzieren können[43]

Eigenschaften, die die Mikrooragnismen, die zur Produktion von PHB eingesetzt werden, haben sollten sind zum einen ein breites Spektrum geeigneter, billiger Kohlenstoffquellen, hohe PHB-Gehalte in der Zelle, hohe spezifische Wachstums- und Produktionsgeschwindigkeiten sowie eine wachstumorientierte Speicherung von PHB.

Durch Untersuchungen der Kinetik der Bildung von PHB im Mikroorganismus hat sich gezeigt, dass der Stoff wachstumsassoziiert und nichtwachstumassoziiert gebildet werden kann. Entscheidende Faktoren sind die Art des Mikroorganismus,

die eingestetzte Kohlenstoffquelle sowie die Art des wachstumslimitierenden Substrates.
Gespeichert wird das gebildete PHB in den Bakterien als hockristallines Granula, das von einer Membran umschlossen ist. Diese Einschlüsse sind im Mikroskop durch die Brechung des Lichtes zu erkennen. Die Molmasse schwankt in Abhängigkeit von der Extraktionsmethode und dem verwendeten Bakterienstamm zwischen $6 \cdot 10^5$ Da und $1,2 \cdot 10^6$ Da.[44]

Eine Produktionsanlage für PHB ist in folgender Abbildung dargestellt[45]:

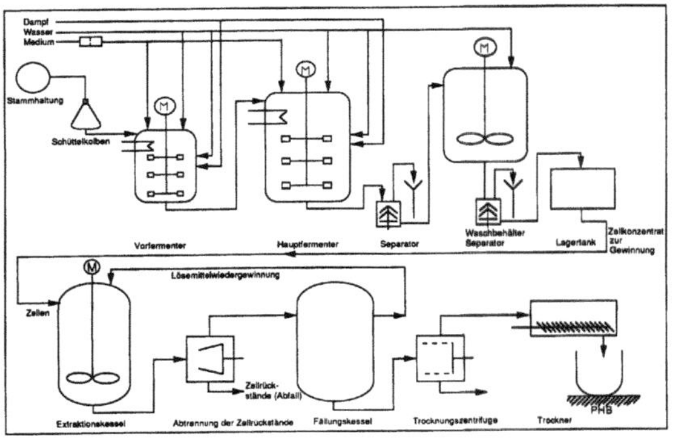

Abbildung 14: Schema einer PHB-Produktionsanlage[46]

Der Stamm wird in einen Vorfermenter gegeben. Nachdem sich ein gewisses Wachtum zeigt, wird die Kultur in den Hauptfermenter überführt. In beiden Fermentern werden die Bakterien kontinuierlich mit Dampf, Wasser und Nährmedium versorgt. Über einen Seperator gelangen die Mikroorganismen in einen Waschbehälter, in dem sie gereinigt werden. Anschließend wird das Zellkonzentrat gelagert und gelang von dort in den Extraktionskessel, in dem das PHB aus dem Zellen gelöst wird. Nach der Abtrennung der Zellrückstände, wird das PHB ausgefällt und getrocknet.

Der Fermentationsprozess ist zweitufig. In der ersten Stufe wird das Bakterium in einem ausgewogenen Glucose-Salz-Medium inkubiert.

In der zweiten Stufe produzieren und akkumulieren die Bakterien unter Überschussglucose PHB bis zu 80% ihres Trockengewichtes. Die Eigenschaften des gebildeten Polymers sind abhängig von den eingesetzten Kohlestoffquellen.
Wenn zum Beispiel Alcaligenes eutrophus ausschließlich mit Glucose ernährt wird, entsteht das Homopolymer PHB. Gibt man neben Glucose noch kontrollierte Mengen einer einfachen organischen Säure in der zweiten Fermentationsstufe hinzu, können modifizierte Stoffe gewonnen werden. Durch die Beeinflußung der Fermentationsbedingungen können so Stoffe mit speziellen, gewünschten Eigenschaften erzeugt werden.
Nach der Fermentation wird „geerntet", indem die Zellen aufgebrochen und das Polymer extrahiert und gereinigt wird. Im Anschluss trocknet man das Polymer zu einem feinen weißen Pulver und granuliert es.[46]
Des Weiteren versucht man genetisch modifizierte Pflanzen zu nutzen um PHB zu gewinnen. Man modifiziert die Gene einiger Pflanzen so, dass PHB in den pflanzlichen Geweben synthetisiert werden kann. Nach Extraktion von PHB können die pflanzlichen Reste verbrannt werden, um Energie zu gewinnen.
Mehr als 100 unterschiedliche Monomere können innerhalb dieser Familie kombiniert werden, um Materialien mit extrem unterschiedlichen Eigenschaften herzustellen. Dabei handelt es sich entweder um thermoplastische oder elastomere Materialien, mit Schmelzpunkten von 40 bis zu 180 °C.
Um weitere Stoffgemische mit anderen Eigenschaften zu erhalten, kann man PHB plastifizieren. Allerdings ist hierbei zu beachten, dass das Polymer hochkristallin ist und nur ein kleiner Teil der amorphen Phase plastifiziert werden kann. Die Kristallinität beträgt bis zu 80% und ist abhängig vom eingesetzen Copolymer. PHB-Homopolymere (=ohne Zusatz von weiteren Stoffen) weisen relativ steife und spröde Eigenschaften auf. PHB-Copolymere (=Zusatz von weiteren Stoffen) sind hingegen elastisch.

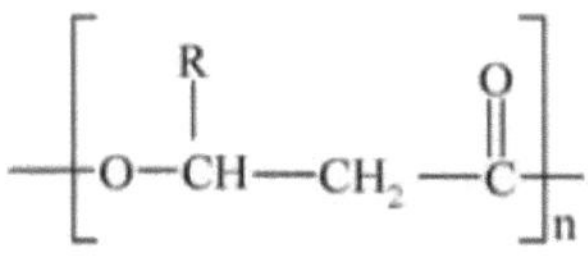

R= CH_3 : Polyhydroxybuttersäure (PHB)

R= C_2H_5 : Polyhydroxyvaleriansäure (PHV)

Abbildung 15: Struktur von PHB[47]

Auch hier ist die Lieferform Granulat, welches durch Spritzgießen, Extrudieren oder Blasformen verarbeitet werden kann. Das Spirtzgießen und Extrudieren verläuft wie im vorangehenden Kapitel beschrieben. Die erzeugten Produkte sind beständig gegen Feuchte, Wärme sowie Wasser und zeigen Aroma-Barriereigenschaften.
Der Formschwund ist kleiner als 1% und der Stoff ist toxikoloisch absolut unbedenklich.
Grundsätzlich hat PHB den Polypropylenen ähnliche Eigenschaften, allerdings ist die Struktur etwas steifer und spröder. Trinkbecher, die aus PHB hergstellt werden haben eine ansprechende Farbe und eine exzellente, glänzende Oberfläche. Da die Glasübergangstemperatur unterhalb von null Grad liegt können keine transparenten Produkte erzeugt werden.[48]
PHB ist absolut linear. Das heißt, dass sich die Moleküle in der Schmelze nicht ineinander verhaken können. Wie heiße Spaghettis gleiten sie aneinander vorbei. Daher ist die Schmelze dünnflüssig, die sich jedoch gut für die Herstellung von dünnwandigen Artikeln oder Spritzgussteilen mit komplexen, feingliedrigen Strukturen eignet. Ferner ist PHB isotaktisch und stereoisomer. Das bedeutet, dass es eine große Tendenz zum Kristallisieren besitzt. Bis zu 70% der gesamten Masse sind in Kristallen eingelagert. Dies hat zur Folge, dass die Schmelze nach der Formgebung extrem schnell fest wird.[49]
Angewendet wird der Stoff für die Herstellung von Verpackungsmaterial, die Flaschen oder Dosen, aber auch im Bereich der Medizintechnik, z. B. als künstlicher Knochen.
Im Boden, Schlamm und Seewasser befindliche Bakterien können PHB abbauen. Die Zeit, die sie dafür benötigen ist abhängig von der Wandstärke und dem Milieu.[50]
Aus folgender Tabelle können die Abbaugeschwindigkeiten in verschiedenen Umgebungen abgelesen werden:

Umgebung	Probenform	Zeit für vollständigen Abbau
Abwasser anaerob	1mm Spritzguss	6 Wochen
	75µm Folie	1 Woche
gut befeuchtete Erde (25°C)	1mm Spritzguss	75 Wochen
	75µm Folie	12 Wochen
Seesediment (20°C)	1mm Spritzguss	40 Wochen
	75µm Folie	8 Wochen
Rindermagen in vivo	1mm Spritzguss	25 Wochen
	200 denier Monofilament	250 Wochen

Tabelle 2: Abbau von PHB unter verschiedenen Bedingungen[51]

PHB wird jedoch nur dann abgebaut, wenn Phosphate, Stickstoff, Salze, Wärme und Feuchtigkeit das Wachstum von Mikroorganismen zulassen. Solche Bedingungen findet finden sich im Kompost und im Boden, nicht jedoch bei normalen Gebrauch. Als Faustregel gilt, dass Artikel aus PHB etwa gleich schnell abgebaut werden wie Holz.[52]

Als Stoffwechselprodukte treten bei der vollständigen Verwertung durch die Mikroorganismen CO_2, H_2O und Energie auf. Die Mikroorganismen scheiden extrazelluläre Enzyme aus, welche die äußerste Molekülschicht der PHB spalten. Die entstehenden Produkte werden über die Zellmembran aufgenommen und in den Stoffwechsel eingeschleust.[53]

Abbildung 16: durch Bakterien versetzte Flaschen aus PHB[54]

Abbildung 17: Becher aus PHB[55]

Cellulose

Cellulose ist der wichtigste Bestandteil pflanzlicher Zellwände und besitzt eine kristalline Struktur. Ihre Summenformel lautet $(C_6H_{10}O_5)_n$. Es ist das am häufigsten vorkommende Polysaccharid und ist folgendermaßen aufgebaut:[56]

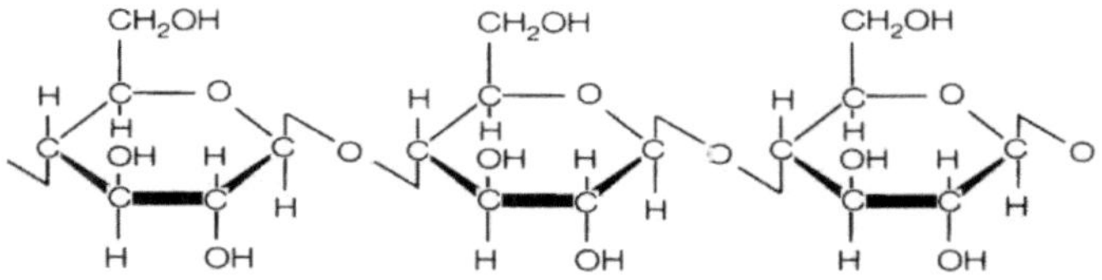

Abbildung 18: Aufbau von Cellulose[57]

Der Grundbaustein für das Cellulosemolekül ist die β-D-Glucose. Die einzelnen β-D-Glucoseeinheiten sind über 1,4- Bindungen miteinander verknüpft. Je zwei Glucosemoleküle sind um 180° entlang der Längsachse gedreht und somit zu einer Cellobioseeinheit verbunden. Es entsteht ein linearer Kettenaufbau des Moleküls. Durch ihre Struktur hat die Cellulose die Möglichkeit intramolekulare Wasserstoffbrückenbindungen auszubilden.[58]

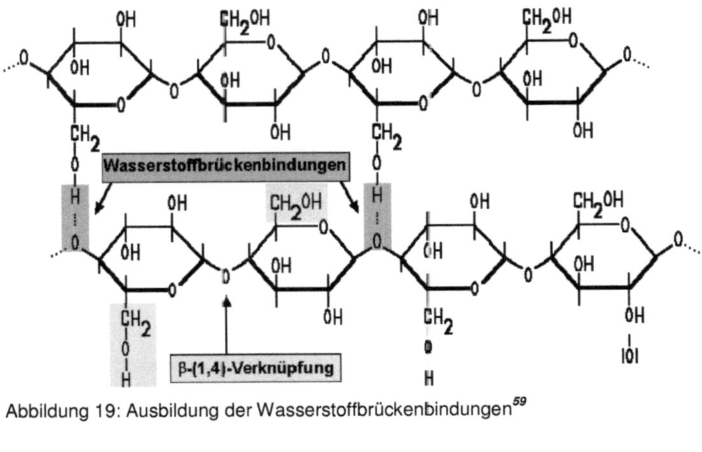

Abbildung 19: Ausbildung der Wasserstoffbrückenbindungen[59]

In sehr seltenen Fällen ist Cellulose aus reiner β-D-Glucose aufgebaut. Dies ist nur der Fall bei den Algen: Valonia und Cladophora. Meistens enthält Cellulose noch geringe Mengen anderer Zucker.

Cellulose kommt ziemlich rein in Baumwolle, Stängeln und Blättern (Flachs, Hanf) vor. Sie ist geruchlos. Des Weiteren ist sie unlöslich in Wasser und in den meisten organischen Lösungsmitteln. Durch Einwirken von Säuren wird sie hydrolytisch gespalten. In Laugen quillt sie zu Alkalicellulose auf.
Löslich ist Cellulose nur in Lösungen, die voluminöse Kationen enthalten, wie z.B. Metallkomplexe.
Seit neuestem wird Cellulose durch nichtmechanische Trennverfahren aus Laub- und Nadelhölzern bzw. Stängeln von Einjahrespflanzen gewonnen.

Zur Gewinnung der Cellulose ist ein Quellvorgang erforderlich. Hierbei dringt ein Lösungsmittel in die Fibrillen ein. Dies führt unter Sprengung der Wasserstoffbrückenbindungen zur Solvatisierung.[60]

Zellstoff besteht zu 99% aus Cellulose. Durch chemischen Aufschluss wird Zellstoff aus Holz isoliert. Zunächst wird Holz durch Reiben und Schlagen von der Rinde befreit. Anschließend in Hackmaschinen durch rotierende Messerscheiben zu Schnitzeln zerkleinert. Diese Schnitzel werden durch Kochen mit Wasser von unerwünschten Bestandteilen (z.B. Lignin, Hemicellulose) befreit. Das Ergebnis sind einzelne Cellulosefasern.

Zellstoff ist die Grundlage zur Herstellung von z.B. Papier und Pappe.
Es gibt zwei Verfahren zur Papierherstellung:

1) saure Sulfitverfahren
2) alkalische Sulfatverfahren

In Deutschland wird mittlerweile hauptsächlich das Sulfitverfahren angewendet. Der Aufschluss beim Sulfitverfahren erfolgt mithilfe von Sulfit – oder Hydrogensulfitlösung bei 125 – 160°C. Bei diesem Vorgang wird Lignin zunächst sulfonisiert. Anschließend hydrolysiert und als Ligninsulfat gelöst. Der zurückbleibende Sulfitzellstoff wird gewaschen und gebleicht. Die Ausbeute liegt bei 90% Cellulose.

Beim Sulfatverfahren wird das Lignin in Natronlauge und Natriumsulfid bei 180℃ gelöst. Der Zellstoff ist durch die Ligninreste dunkel gefärbt. Bleichverfahren mit elementarem Chlor sind aus Umweltschutzgründen Kritiken ausgesetzt.

Bei dem Sulfitverfahren wird zum Bleichen Sauerstoff, Wasserstoffperoxid und Ozon verwendet und kann vollständig auf Chlor verzichtet werden und ist somit die umweltfreundlichere Variante [61]

Derivate der Cellulose

Cellulose kann durch Alkylierung in eine Reihe von Derivate umgewandelt werden. Die entstehenden Derivate sind je nach Modifikation quellbar und löslich. [62]

Cellophan (Zellglas)

Als Grundstoff für das Cellophan, welches auch als Zellglas bekannt ist, dient die Cellulose.
Das Cellophan findet Verwendung in der Verpackungsindustrie. Es handelt sich hierbei um eines der ältesten Kunststoffe für Verpackungen.
Cellophan ist eine dünne, farblose und transparente Folie aus Viskose.
In der Verpackungsindustrie findet sie Verwendung u.a. für Tabakwaren, Zigaretten, Süßwaren, Backwaren, Käse, Fleischwaren. [63]

Abbildung 20: Verpackung aus Cellophan[64]

Cellophan ist undurchlässig für Flüssigkeiten. Jedoch ist es durchlässig für Wasserdampf und somit wird eine Kondenswasserbildung im Inneren verhindert. Um die Wasserdurchlässigkeit zu erniedrigen, wird Zellglas mit Polymeren beschichtet.

Wie schon erwähnt ist Cellulose in den meisten Lösungsmitteln unlöslich. Jedoch kann Cellulose so chemisch modifiziert werden, so dass sich diese Eigenschaft verändert. Auf diese Weise wird auch Cellophan hergestellt. [65]

Die Herstellung des Zellglases wurde 1908 vom Schweizer Jacques E. Brandenberger erfunden. Die Herstellung von Cellophan – Folie wird folgendermaßen durchgeführt:
Zunächst wird die Alkalicellulose hergestellt. Diese wird zerkleinert und oxidiert. Die Folie wird der Luft ausgesetzt, um einen Molekularabbau bis zum angestrebten Ausmaß zu erreichen.
Anschließend wird die Alkalicellulose dann mit Carbondisulfid in xanthierenden Knetern bei ca. 20-28℃ für ca. 3 Stunden behandelt.[66]

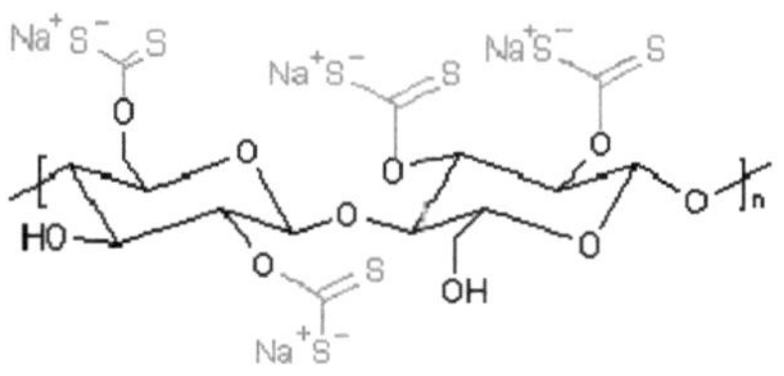

Cellulose-Xanthogenat (Viskose)

Abbildung 21: Cellulosexanthogenat[67]

Das resultierende gelbe Natriumcellulosexanthat wird in wässrigem Ätznatron dispergiert. Dies führt zur teilweisen Hydrolyse („Reifung“ Das Produkt: ist „Viskose“)

Die Lösung wird auf eine Rolle gepresst, die in einem Behälter mit 10-15% Schwefelsäure und 10-20% Natriumsulfat bei 35-40°C eingetaucht ist. Dort koaguliert die Viskose und bei vollständiger Hydrolyse ist die Cellulose regeneriert. Die Folie wird anschließend gewaschen, gebleicht, plastifiziert und mit Ethylenglykol oder Glycerin getrocknet.

Die Folie ist geruchs – und geschmacksneutral. [68]

Das Cellophan wird von vielen Mikroorganismen durch Einwirkung von extrazellulären Cellulasen abgebaut. Wobei Cellulose besser von Pilzen als von Bakterien abgebaut wird.

Pilze		Bakterien
Trichoderma reesei	Thielavia terrestris	Clostridium thermocellum
T. veride	Schlerotium rolfsii	Cellulomonas sp.
T. lignorum	Polyporus adustus	Celvibrio fulvus
T. pseudokoningii	Arminariella mella	C. vulgaris
T. koningii	Botryodiploida theobromae	Bacillus sp.
Aspergillus niger	Eupenicillium javanicum	Pseudomonas fluorescens
A. foetidus	Fusarium solani	Cytophaga sp.
A. fumigatus	F. lini	Sporocytophaga sp.
A. wentii	Geotrichum candidum	Ruminococcus albus
Sporotrichum sp.	Pellicularia filamentosa	Thermoanaerobium brockii
Chrysosporium lignorum	Penicillium janthinellum	Acetovibrio sp.
Phanerochaete sp.	P. funiculosum	Streptomyces flavogrisens
Talaromyces emersonii	Neurospora crassa	Thermomonospora sp.
Thermoascus sp.	Humicola insolens	
Sporotrichum thermophile		

Tabelle 3: einige Bakterien und Pilze, die Cellulose abbauen können

Durch den Abbau entstehen zunächst Oligo – und Monosaccharide, die in der Zelle weiter zu Kohlendioxid, Wasser und Zellmaterial umgewandelt werden.

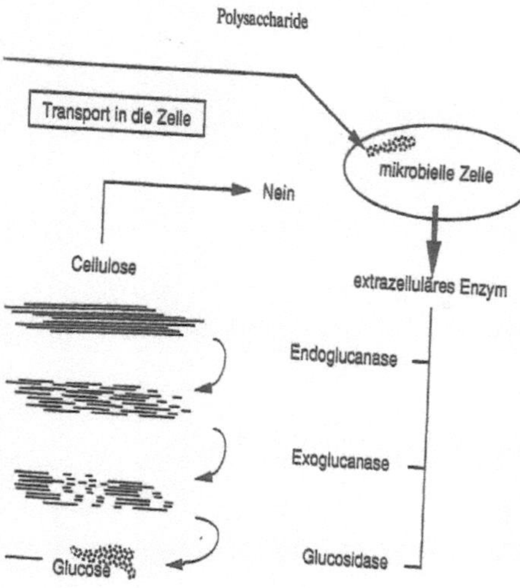

Abbildung 22: Celluloseabbau durch Mikroorganismen[69]

Durch die Messung der entstehenden Glucose kann der Abbau einfach verfolgt werden.

Beim Abbau der Cellulose wird als organische Säure hauptsächlich Fumarsäure gebildet. [70]

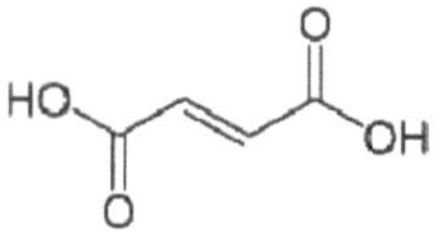

Abbildung 23: Fumarsäure[71]

Der anaerobe Abbau von Cellulose erfolgt in drei Stufen:

1) Das organische Material wird von fakultativ anaeroben Mikroorganismen angegriffen, wobei es durch enzymatische Hydrolyse in wasserlösliche Monomere zersetzt wird.

2) Diese Monomere werden als Substrat von der Zelle aufgenommen und in organische Säuren (z.B. Essigsäure, Fumarsäure) umgewandelt.
3) Die Organischen Säuren werden anschließend von Methanobakterien, die strikt anaerob sind, zu Methan und Kohlendioxid umgewandelt.

Während der drei Stufen tritt biologisches Wachstum auf.

Bei Abbaubarkeitsuntersuchungen wurden Veränderungen des Polymerisationsgrades vergrabener unbeschichteter Zellglasfolien untersucht und folgendes Ergebnis wurde ermittelt:

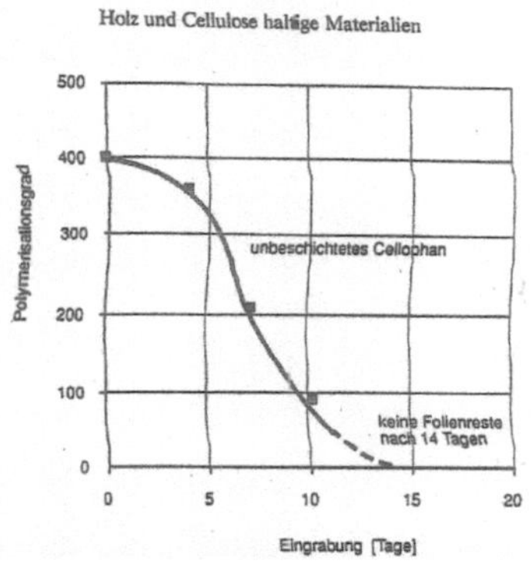

Abbildung 24: Veränderung des Polymerisationsgrades regenerierter Cellulose in Abhängigkeit von der Eingrabungszeit

Anhand der Abbildung kann man erkennen, dass nach 14 Tagen die Folie vollständig abgebaut war.

Folientyp	Zersetzungszeit (Tage)
Unbeschichtetes Zellglas	10 - 14
mit Nitrocellulose beschichtetes Zellglas	
1 Seite beschichtet	14 - 28
2 Seiten beschichtet	14 - 28
2 Seiten beschichtet, nicht siegelnd	28 - 56
mit PVDC beschichtetes Zellglas	28 - 56
mit Vinyl beschichtetes Zellglas	56 - 84
Ahornblätter	84 - 112
mit Polyethylen beschichtetes Zellglas	
Zelluloseanteil	7 - 14
Polyethylenanteil	365*
Hydroxyethylcellulose (HEC)	14 - 28
mit Nitrocellulose beschichtete HEC	14 - 28
Polyethylenterephthalat	365*
Polyvinylchlorid	365*
orientiertes Polypropylen	365*
Baumwollstoff	28 - 56

Tabelle 4: Zersetzungszeiten in der Erde[72]

Zellglas ist zwar biologisch abbaubar. Jedoch ist die Herstellung mit hohen Luft – und Abwasserbelastungen sowie einem hohen Holzbedarf verbunden.
Außerdem ist anzumerken, dass den größten Teil der Produktion beschichtetes Zellglas ausmacht, welches nicht vollständig abbaubar ist.[73]

Unbeschichtetes bzw. unlackiertes Zellglas ist nicht siegelfähig. Jedoch lässt sich die Zellglasfolie nach Lackierung mit Cellulosenitrat oder PVDC basierten Beschichtungen problemlos siegeln und sie lässt sich sehr gut bedrucken.

Jedoch ist mit einer abnehmenden Kapazitäts – und Verbrauchsentwicklung Weltweit zu rechnen. [74]

Celluloseester

Der Aufschwung der Celluloseester setzt ein, als es durch teilweise Abspaltung von Essigsäure gelang, das beschränkt lösliche Triacetat in ein Sekundäracetat zu überführen. Das Sekundäracetat ist in zahlreichen Lösungsmitteln löslich.
Hierdurch wurde ein thermoplastischer Celluloseester geschaffen.

Die Veresterung der Cellulose mit organischen Säuren erfolgt mit Säurechloriden oder Säureanhydriden unter Anwesenheit eines Katalysators.

Die entstehenden Cellulosederivate können durch Behandlung der jeweiligen Folien oder Fasern zurück verwandelt zu Cellulose werden. Dieser Prozess wird durch die Verringerung der Molmasse begleitet.[75]

Celluloseacetat (CE)

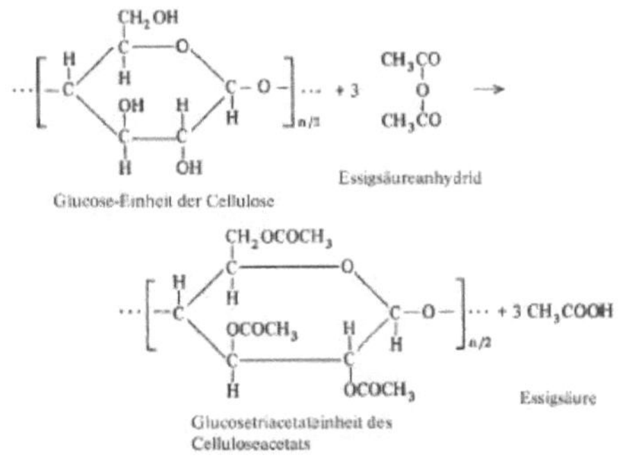

Abbildung 25: Herstellung von Celluloseacetat[76]

Das Celluloseacetat wird gebildet durch Acetylierung mit Acetanhydrid unter Zusatz von Schwefelsäure als Katalysator in Eisessig oder CH_2Cl_2 bei 5°C.
Die Cellulose wird mit 30-40% Essigsäure 2-3 Stunden gequollen. Dabei werden die primären Hydroxylgruppen mit Schwefelsäure verestert. Anschließend erfolgt die Umesterung zum Essigsäureester (Triacetat).[77]

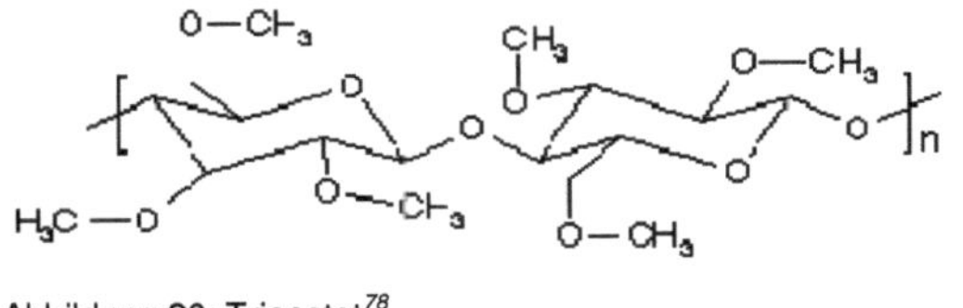

Abbildung 26: Triacetat[78]

Das Triacetat wird in einem weiteren Schritt hydrolysiert. Dabei wird ein Teil der Essigsäure – Moleküle abgespaltet. Dadurch entsteht erst das Sekundäracetat. Der Name kommt daher, dass es erst im zweiten Schritt entsteht. Dieser Weg der Herstellung ist notwendig, weil sonst kein gleichmäßig verestertes Produkt entsteht.

Ohne den Zwischenschritt wäre das Produkt ein Gemisch aus Triacetat und unveresterte Cellulose.[79]

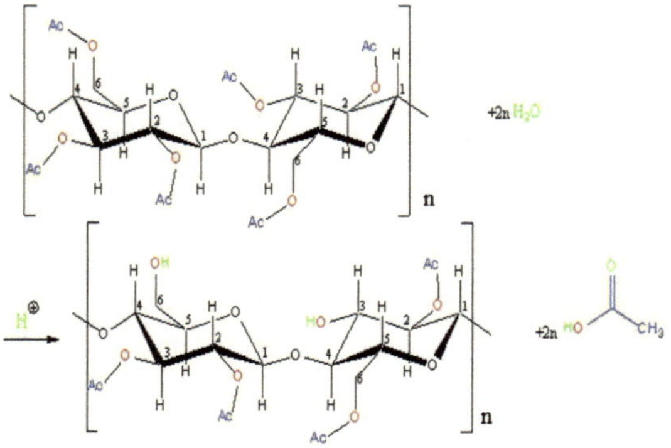

Abbildung 27: Herstellung des Sekundäracetates[80]

Eine Celluloseacetat – Folie wird folgendermaßen hergestellt:

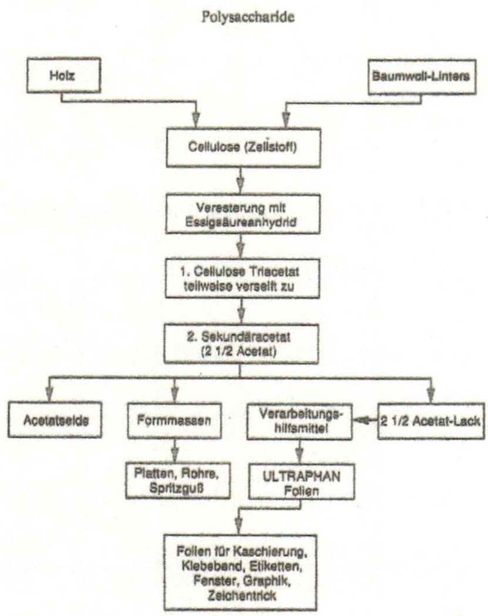

Abbildung 28: Herstellung von Celluloseacetaten[81]

Das Triacetat kann nicht durch Mikroorganismen angegriffen werden. Das ist mit ein Grund weshalb das Triacetat umgewandelt wird.

Beim Sekundäracetat erfolgt der Abbau (Dicke=250µg) innerhalb von 12 – 18 Monaten. Es wird durch Mikroorganismen zu Kohlendioxid abgebaut.[82]

Das Celluloseacetat wird aufgrund seiner Zähigkeit für Spritzguß – und Extrusionsprodukte eingesetzt. Als Hartfolie besitzt es eine hohe Steifigkeit und Standfestigkeit. Des Weiteren hat es eine ungewöhnlich hohe Kratzfähigkeit und Scheuerbeständigkeit. Die Folie weist einen hohen Oberflächenglanz auf und ist dadurch zu ca. 90% Lichtdurchlässig und Temperaturbeständig. Sie ist außerdem alterungsbeständig, jedoch tritt bei UV – Einwirkung Versprödung auf. Gegen wässrige Flüssigkeiten ist sie nur beschränkt beständig.

Bei der Verarbeitung erfolgt auf schnell laufenden Maschinen eine elektrostatische Aufladung. Nach einigen Tagen Lagerung gleicht sich die Ladung wieder aus. Die Folie besitzt eine geringe elektrostatische Aufladbarkeit und ein hohes akustisches Dämpfungsvermögen (schalltot). Außerdem ist sie sehr beständig gegen Hydrolyse. Die Typisierung ist genormt nach DIN 7742

Die Folie ist beständig gegenüber Wasser, Tetrachlorkohlenstoff, Ether, Trichlorethylen, Benzol, Xylol, Terpentin, Benzin, Öle, Fette.
Nicht beständig ist die Folie gegenüber Alkohol, da der Alkohol die Folie aufquillt, chlorierte Kohlenwasserstoffe, Formalin, anorganische Säuren und Laugen.
Die Folie verbrennt mit gelbgrüner Flamme, tropft und riecht stechend nach Papier und Essigsäure. Es gibt jedoch speziell angefertigte Folien mit Flammenschutzmittel.

Der Einsatz in der Lebensmittelindustrie ist möglich, aber meist erst nach einer eingehenden Prüfung. Beim Einsatz müssen einige Punkte berücksichtigt werden.
Der Einsatz ist nicht möglich bei:

- grieß – und mehlartige Lebensmitteln
- Lebensmitteln mit fetthaltiger Beschaffenheit
- gewachste oder parrafinierte Lebensmittel
- Milch und Milcherzeugnisse einschließlich Käse
- Lebensmittel, die Alkohol oder ätherische Öle enthalten[83]

Abbildung 29: Verpackung aus Celluloseacetat[84]

Stärke und Derivate

Stärke ist der wichtigste Reserve- und Speicherstoff der Pflanzen und besteht im Wesentlichen aus den beiden Kohlenhydraten Amylose und Amylopektin. Dabei stellt die Amylose, eine lineare Stärkekette und das Amylopektin, eine verzweigte Stärkekette dar. Zu den weiteren Betsandteilen der Stärke zählen auch Wasser (ca. 20%), Eiweiß, Fette und esterartige Phosphorsäure [85]

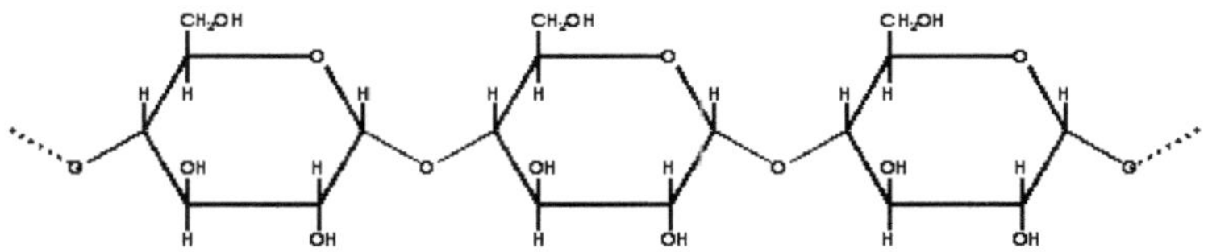

Abbildung 30: Strukturformel Amylose[86]

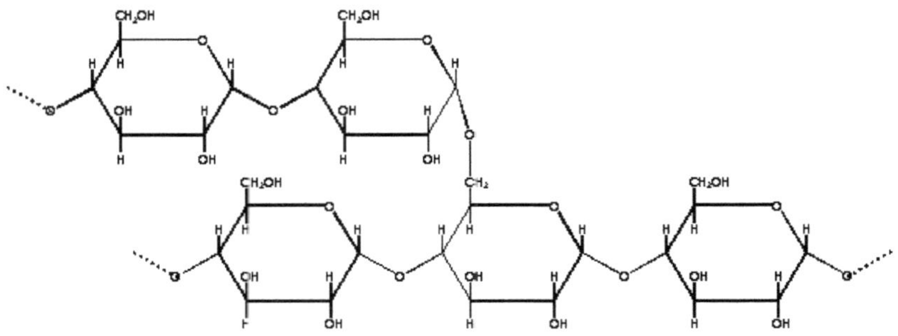

Abbildung 31: Strukturformel Amylopektin[87]

Stärke entsteht in den grünen Pflanzenteilen (Chloroplasten) durch enzymatisch gesteuerte Polytransglucosidierung aus der bei der Photosynthese gebildeten D-Glucose unter Wasserabspaltung durch spezifische Enzyme. Für den Bau- oder Energiestoffwechsel der Pflanze sowie zum Speichern in Samen, Knollen, Früchten, usw. wird Stärke dann durch Phosphorylasen zu alpha-D-Glucose-1-Phosphat abgebaut, zu den anderen Pflanzenteilen transportiert und dort entweder in Glucose-6-phosphat umgelagert und verbraucht oder in Stärkekörner zurückverwandelt und gespeichert. Stärke besteht aus Stärkekörnern, die durch Größe, Form, Struktur und Kristallinität definiert sind.[88]

Ziel der Pflanzenzüchtung ist es, die unterschiedlichen Sorten der Stärke mit einseitig hohem Gehalt an Amylose oder Amylopektin und gleichzeitig günstiger physikalischen Kornstruktur bei enger Verteilung der Kornstruktur zu entwickeln. So wurden sogenannte „waxy" – Maissorten mit nahe 100% Amylopektingehalt gezüchtet. Andererseits ergaben natürliche durch züchterische Bearbeitung Sorten mit 70-80% Amylosegehalt.[89]

Amylose/Amylopektingehalt sowie Verkleisterungstemperatur verschiedener Stärken			
Stärkequelle	Gehalt an		Verkleisterungs-Temperatur [°C]
	Amylose [%]	Amylopektin [%]	
Bohnen	24	76	64-67
Erbsen	35	65	57-70
Gerste	22	78	56-62
Hafer	27	73	56-62
Hirse	25	75	69-75
- Wachshirse	1	99	68-74
Kartoffeln	23	77	58-66
Mais	28	72	62-70
- Amylomais	51-95	5-49	67-87
- Wachsmais	1	99	63-72
Maniok			52-64
Reis	18	82	61-78
- Wachsreis	1	99	55-65
Roggen			57-70
Weizen	26	74	53-65

Tabelle 5: Verkleisterungstemperaturen von Stärken[90]

Bei der Herstellung der Stärke wird das pflanzliche Rohprodukt zerkleinert und gemahlen und in der Regel in Wasser aufgeschlämmt. Durch Filtrieren, Zentrifugieren, Flotieren werden die verschiedenen Bestandteile abgetrennt. Die Komponenten sind neben Schalenanteilen und Schmutzpartikeln: Stärke, Protein, Fasern und bei den Getreiden die ölhaltigen Keime.

Stärke wird überwiegend in einem Nassprozess gewonnen, indem die stärkehaltigen Pflanzengewebe mechanisch homogenisiert und die Stärkekörner aus der Suspension abgetrennt werden.

Stärken und Stärkeprodukte werden schon heute in der Technik sehr breit eingesetzt, wobei das technische Potential noch keineswegs ausgeschöpft ist. Diese weite Verbreitung nutzt die besonderen Eigenschaften der Stärke aus.[91]

Eigenschaft	***Einsatzgebiet***
Viskosität, Gelbildung, Wasserbindung	Lebensmittelzubereitung
Haft- und Klebevermögen	Papier und Pappe
Schutzkolloidwirkung	Latex-Dispersionen
Filmbildungsvermögen	Textilschlichten
Bioabbaubarkeit	Abbaubare Kunststoffe

Tabelle 6: Eigenschaften und Einsatzgebiete von Stärken[92]

Stärke als Thermoplast – Rohstoffbasis und Herstellung

Die 1988 erfundene thermoplastische Stärke ist mit einem Marktanteil von etwa 80% führend im Bereich der „Biokunststoffe". Um die leichtverfügbare Stärke auch thermoplastisch verarbeitbar zu machen, werden ihr natürliche Weichmacher und Plastifizierungsmittel wie Glycerin und Sorbit hinzugefügt. Stärke hat nämlich die negative Eigenschaft Wasser aufzunehmen, daher ist sie im Regelfall nur eine Komponente aus der Biokunststoffe hergestellt werden.[93]

Die Mischung der Komponenten für die termoplastische Stärke erfolgt im Extruder. Über Düsenplatten mit runden, profilierten oder schlitzartigen Öffnungen tritt die erwärmte Masse als Schaum aus, der sich entweder zu Chips konfektionieren oder noch heiß zu Formteilen pressen lässt. Das entstandene Endprodukt enthält keine kristallinen Anteile mehr, daher ist es für die Vermischung mit weiteren Polymerkomponenten bestens geeignet. [94]

Häufig wird auch das Verfahren der druckthermischen Verfestigung verwendet.

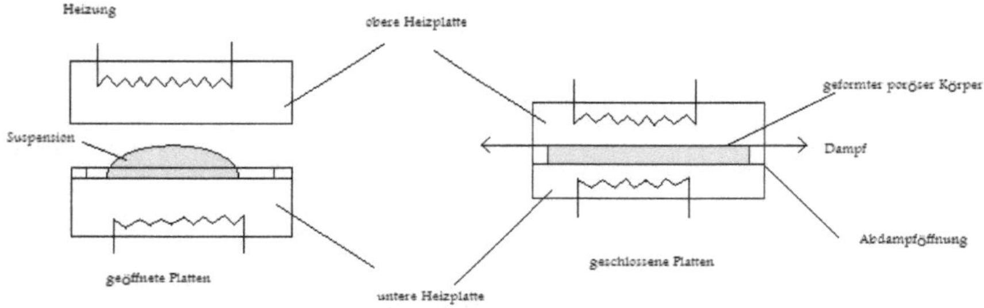

Abbildung 29: druckthermische Verfestigung[95]

Die stärkehaltige Ausgangsmasse wird zunächst auf die untere Hälfte einer zweiteiligen erhitzten Form aufgebracht. Die obere Formhälfte wird abgesenkt, wobei sich die Masse auf einer größeren Fläche verteilt. Der durch die Hitze gebildete Wasserdampf bewirkt als treibende Kraft, das weitere Breitfließen der Masse. Über die Abdampföffnungen kann der Dampf schließlich nach außen entweichen. Das Material nimmt eine poröse Struktur an, wird fest und kann anschließend entnommen werden. (Kunststoffblend) [96]

Für Kunststoffmischungen mit thermoplastischer Stärke werden meistens wasserabweisende und biologisch abbaubare Polymere wie z.B. Polyester, Polyesteramide, Polyesterurethane oder Polyvinylalkohol eingesetzt. Somit besteht der Blend aus zwei Phasen. Auf der einen Seite aus der kontinuierlichen und hydrophoben Polymerphase und auf der anderen der dispersen und hydrophilen Stärkephase. Im Extruder vermischen sich beide Phasen zu einem wasserfesten Stärkekunststoff.

Zur Zeit werden auf Stärke basierende, abbaubare Kunststoffe hauptsächlich für die Herstellung von Blasfolien, tiefziehbaren Flachfolien, Spritzgussartikeln oder Beschichtungen verwendet (Tragetaschen, Joghurt- oder Trinkbecher, Pflanztöpfe,

Besteck, Windelfolien, Lebensmittelverpackungen, Einwegschalen, CD-Verpackungen, Grablichthüllen, Obstnetze, beschichtete Papiere und Pappen).[97]

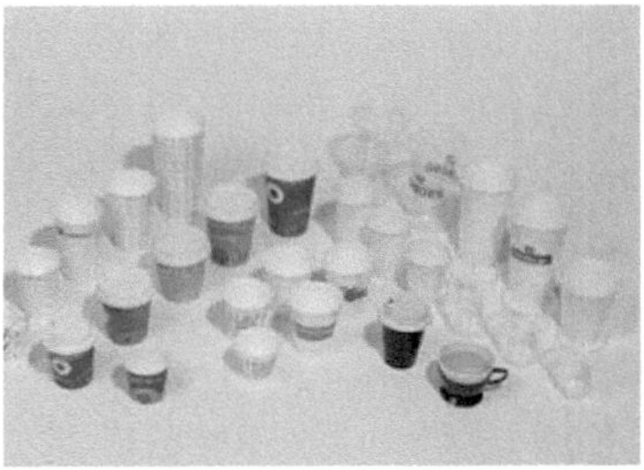

Abbildung 32: Beispiele für Verpackungen auf Stärkebasis[98]

Beispiel für Stärkeblends

Fertec, eine Forschungseinrichtung des Konzerns Ferruzzi, entwickelte eine Stärke – Legierung unter der Bezeichnung MATER – BI.

Das Material wird aus Basis von Maisstärke und Weichmacher hergestellt mit 40 bis 70% Stärkeanteil.

Der Weichmacheranteil besteht aus hydrophilen, niedermolekularen organischen Substanzen auf synthetischer Basis. Die einzelnen Komponenten werden gemäß der Rezeptur compoundiert und das Produkt als Granulat angeboten.

Die Produkte werden je nach Zusammensetzung und Abbaubarkeit in drei Gruppen L, A und P unterteilt. Die Produktreihen A und P sind wasserempfindlich und weisen hohe Abbauraten auf. Die L – Produkte sind photoabbaubar.[99]

Aus dem Material lassen sich durch Blas – Extrusion Folien herstellen. Ausserdem eignet es sich auch zum Tiefziehen, Form – und Blasspritzen.
Um thermooxidative Schädigung zu verhindern, ist es bei den MATER – BI Produkten erforderlich, die Verarbeitungstemperatur so niedrig wie möglich zu halten. Die Apparaturoberfläche, die in Kontakt mit dem extrudierten Material kommt, soll verchromt sein, um den Aufbau von Verunreinigungen auf der Oberfläche zu verhindern.[100]
MATER – BI ist in unterschiedlichen Milieus (Kompost, Süß-, Salzwasser, Boden) vollständig biologisch abbaubar und kann mit den gleichen Technologien verarbeitet werden wie herkömmliche Kunststoffe.
Das bekannteste Produkt aus MATER – BI ist die Einkaufstüte, die man nach dem Einkauf auch noch zur Sammlung von Bioabfall verwendet werden kann.
In den letzten Jahren wurde auch die Kaschierung von Papier und Pappe weiterentwickelt, mit der man Einweggeschirr wie Teller oder Becher aus spezieller, mit MATER – BI laminierter Pappe, herstellen kann. Dabei schützt die Beschichtung die Pappe vor Feuchtigkeit und Fett, ohne die biologische Abbaubarkeit zu beeinträchtigen.[101]

Stärkederivate

Wie bei allen Kohlenhydraten sind Ester und Ether die wichtigsten Derivate der Stärke. Im Unterschied zu den Cellulosederivaten sind bei den Stärkederivaten auch vernetzte Produkte interessant, weil damit die zunächst lösliche Stärke unlöslich gemacht werden kann. Während Phosphorester bei anderen Kohlenhydraten kaum eine Rolle spielen, sind die Stärkephosphate und Diphosphate eine sehr wichtige Gruppe von Derivaten, die anionischen Charakter haben.
Im Vergleich zur Cellulose spielen bei Stärke auch kationische Derivate eine viel größere Rolle, insbesondere als Papierhilfsmittel.[102]
Freie Hydroxylgruppen am Stärkemolekül werden durch den Einbau von Ether- und Estergruppen verändert. Auf diese Weise wird die Verkleisterungstemperatur herabgesetzt, die Lösungsstabilität und die Kaltfließfähigkeit verbessert.
Angestrebt werden hohe Derivatvisierungsgrade. Bei DS von ca. 2,5 kann das Stärkederivat thermoplastische Eigenschaften erreichen.[103]

Einige Werte können folgenden Grafiken entnommen werden:[104]

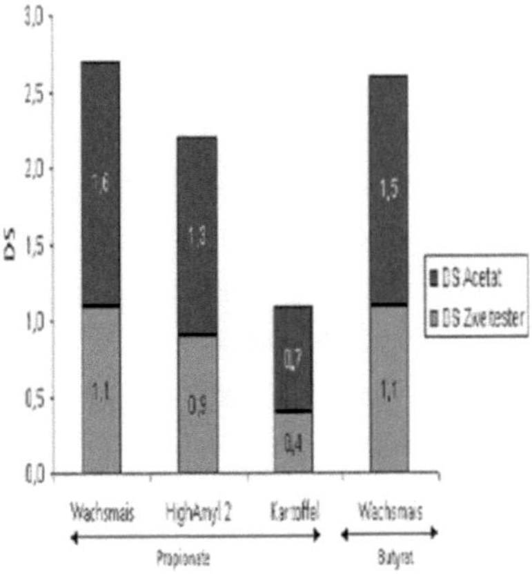

Abbildung 33: DS-Werte von Stärkeestern[104]

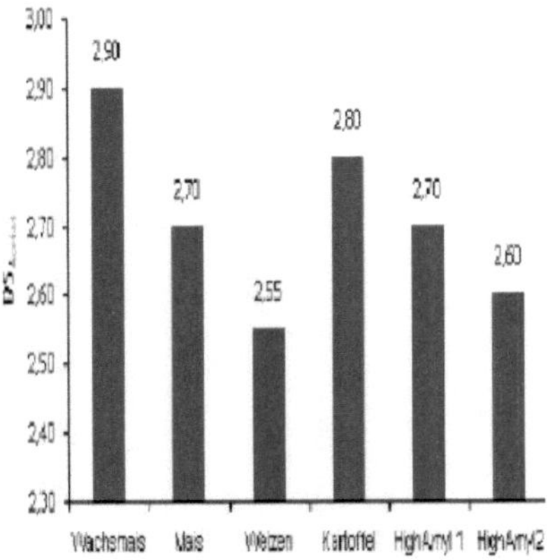

Abbildung 34: DS-Werte von Stärkeacetaten[104]

Mit dem Einsatz derivatisierter Stärke, insbesondere mit höherem Substitutionsgrad und entsprechenden biologisch abbaubaren Weichmachern modifiziert, wurden thermoplastisch gut verarbeitbare Materialien, die sich für den Spritzguß, das Schmelzspinnen oder für die Folienherstellung eignen, erzielt. Jedoch verspröden diese Materialien wieder schnell. Nach der DE – OS – 43 26 118 kann durch Modifizierung von Stärkeestern mit dem Substitutionsgrad vorzugsweise 1,8 bis 2,6 mittels Polyethylenglykol diese Versprödung verhindert werden.
Durch Zusatz von aliphatischen, gesättigten oder ungesättigten Dicarbonsäuren und/oder Oxidicarbonsäuren und/oder Oxitricarbonsäuren die Schmelzstabilisierung von Blends aus Stärkeestern mit dem Substitutionsgrad < 3 und Polyalkylenglykolen zu erhöhen sowie deren biolgische Abbaubarkeit zu verbessern.
Ungenügend sind jedoch bei den Blends die Wasserstabilität, die mechanischen Eigenschaften, vor allem die Reißdehnung, Schlagzähigkeit sowie die Barriereeigenschaften insbesondere für Formmassen, die durch Spritzgießen, Tiefziehen, Schmelzspinnen und Extrusion insbesondere zu Folien verarbeitet werden sollen.[105]

Ausblick

Das Thema *bioabbaubare Verpackung* ist hochaktuell und hat auch in den letzten Jahren sehr an Bedeutung gewonnen. Es hat eine beachtenswerte Entwicklung stattgefunden und auch verschiedene Studien sagen den bioabbaubaren Verpackungen aufgrund ihrer Vorzüge für die Zukunft beachtliche Absatzpotenziale voraus, denn der Markt wächst derzeit um mehr als 20 % pro Jahr.
Besonders in Italien, der Schweiz, in England und auch in den Niederlanden haben sich in den letzten Jahren Lebensmittelverpackungen aus biologisch abbaubaren Kunststoffen im Handel etabliert.[106]
Der deutsche Markt befindet sich zwar noch im Aufbau, ist aber zuversichtlich, auch wenn im Jahre 2005 die bioabbaubaren Verpackungen mit einem Anteil von 5000-10000 Tonnen noch nicht einmal mehr ein Prozent am gesamten Markt für Einweg-Kunststoffverpackungen einnahmen.[107]
Um eine breite Markteinführung realisieren zu können, sind weitere Fortschritte im Hinblick auf Materialeigenschaften, Verarbeitungstechnologien und Einsatzmöglichkeiten der neuen Verpackungen erforderlich. Nach wie vor sind vor allem die hohen Entwicklungskosten ein wichtiger Hemmfaktor für biologisch abbaubare Verpackungen.[108]
Mittelfristig wird der Markt vor allem von der Preisentwicklung von Standard- und Biokunststoffen beeinflusst werden. Ob Biokunststoffe synthetisch hergestellte Kunststoffe in Zukunft ersetzen können, hängt neben den Einsparungseffekten bei der Produktion auch von der Rohstoffverfügbarkeit ab.[109]

Literaturverzeichnis

1 http://news.buckligewelt.org/

2 http://news.buckligewelt.org/

3 http://news.buckligewelt.org/

4http://www.nachhaltigwirtschaften.at/results.html/id3266

5 Mackwitz , Univ. Lektor Dipl.-Chem. Hanswerner Mackwitz & Stadlbauer , Dr. Wolfgang; VERMEIDUNG UND VERMINDERUNG DES MÜLLAUFKOMMENS DURCH SCHLIESSUNG DES KOHLENSTOFFKREISLAUFS - Strategien und konkrete Beispiele für den Einsatz Biologisch abbaubarer Werkstoffe (BAW) in der Stadt Wien; Wien; Dezember 2001; Seite 32; Download unter https://www.wien.gv.at/umweltschutz/pool/pdf/kohlenstoff-1.pdf

6 Mackwitz , Univ. Lektor Dipl.-Chem. Hanswerner Mackwitz & Stadlbauer , Dr. Wolfgang; VERMEIDUNG UND VERMINDERUNG DES MÜLLAUFKOMMENS DURCH SCHLIESSUNG DES KOHLENSTOFFKREISLAUFS - Strategien und konkrete Beispiele für den Einsatz Biologisch abbaubarer Werkstoffe (BAW) in der Stadt Wien; Wien; Dezember 2001; Seite 47; Download unter https://www.wien.gv.at/umweltschutz/pool/pdf/kohlenstoff-1.pdf

7 Mackwitz , Univ. Lektor Dipl.-Chem. Hanswerner Mackwitz & Stadlbauer , Dr. Wolfgang; VERMEIDUNG UND VERMINDERUNG DES MÜLLAUFKOMMENSDURCH SCHLIESSUNG DES KOHLENSTOFFKREISLAUFS - Strategien und konkrete Beispiele für den Einsatz Biologisch abbaubarer Werkstoffe (BAW) in der Stadt Wien; Wien; Dezember 2001; Seite 39; Download unter https://www.wien.gv.at/umweltschutz/pool/pdf/kohlenstoff-1.pdf

8 Mackwitz , Univ. Lektor Dipl.-Chem. Hanswerner Mackwitz & Stadlbauer , Dr. Wolfgang; VERMEIDUNG UND VERMINDERUNG DES MÜLLAUFKOMMENS DURCH SCHLIESSUNG DES KOHLENSTOFFKREISLAUFS - Strategien und konkrete Beispiele für den Einsatz Biologisch abbaubarer Werkstoffe (BAW) in der Stadt Wien; Wien; Dezember 2001; Seite 38; Download unter https://www.wien.gv.at/umweltschutz/pool/pdf/kohlenstoff-1.pdf

9 Mackwitz , Univ. Lektor Dipl.-Chem. Hanswerner Mackwitz & Stadlbauer , Dr. Wolfgang; VERMEIDUNG UND VERMINDERUNG DES MÜLLAUFKOMMENS DURCH SCHLIESSUNG DES KOHLENSTOFFKREISLAUFS - Strategien und konkrete Beispiele für den Einsatz Biologisch abbaubarer Werkstoffe (BAW) in der Stadt Wien; Wien; Dezember 2001; Seite 35f; Download unter https://www.wien.gv.at/umweltschutz/pool/pdf/kohlenstoff-1.pdf

10 Mackwitz , Univ. Lektor Dipl.-Chem. Hanswerner Mackwitz & Stadlbauer , Dr. Wolfgang; VERMEIDUNG UND VERMINDERUNG DES MÜLLAUFKOMMENS DURCH SCHLIESSUNG DES KOHLENSTOFFKREISLAUFS - Strategien und konkrete Beispiele für den Einsatz Biologisch abbaubarer Werkstoffe (BAW) in der Stadt Wien; Wien; Dezember 2001; Seite 34; Download unter https://www.wien.gv.at/umweltschutz/pool/pdf/kohlenstoff-1.pdf

11 http://www.go.dlr.de/UF-Praesentation/LPSystematik/LPSKB.php?FKZ=01ZV8914/5&EVB=J

12 Buchner, Norbert, „Verpackung von Lebensmitteln“, Springer Verlag, S. 604-605, 607

13 Buchner, Norbert, „Verpackung von Lebensmitteln“, Springer Verlag, S. 604-605, 607

14 Mackwitz , Univ. Lektor Dipl.-Chem. Hanswerner Mackwitz & Stadlbauer , Dr. Wolfgang; VERMEIDUNG UND VERMINDERUNG DES MÜLLAUFKOMMENS DURCH SCHLIESSUNG DES KOHLENSTOFFKREISLAUFS - Strategien und

konkrete Beispiele für den Einsatz Biologisch abbaubarer Werkstoffe (BAW) in der Stadt Wien; Wien; Dezember 2001; Seite 61f; Download unter https://www.wien.gv.at/umweltschutz/pool/pdf/kohlenstoff-1.pdf

15 Mackwitz , Univ. Lektor Dipl.-Chem. Hanswerner Mackwitz & Stadlbauer , Dr. Wolfgang; VERMEIDUNG UND VERMINDERUNG DES MÜLLAUFKOMMENS DURCH SCHLIESSUNG DES KOHLENSTOFFKREISLAUFS - Strategien und konkrete Beispiele für den Einsatz Biologisch abbaubarer Werkstoffe (BAW) in der Stadt Wien; Wien; Dezember 2001; Seite 61f; Download unter https://www.wien.gv.at/umweltschutz/pool/pdf/kohlenstoff-1.pdf

16 Selke, Susan E.M. Ph.D.; "Verpackung und Umwelt"; Behr´s Verlag; S. 137-138 und
Mackwitz , Univ. Lektor Dipl.-Chem. Hanswerner Mackwitz & Stadlbauer , Dr. Wolfgang; VERMEIDUNG UND VERMINDERUNG DES MÜLLAUFKOMMENS DURCH SCHLIESSUNG DES KOHLENSTOFFKREISLAUFS - Strategien und konkrete Beispiele für den Einsatz Biologisch abbaubarer Werkstoffe (BAW) in der Stadt Wien; Wien; Dezember 2001; Seite 27; Download unter https://www.wien.gv.at/umweltschutz/pool/pdf/kohlenstoff-1.pdf

17 Selke, Susan E.M. Ph.D.; "Verpackung und Umwelt"; Behr´s Verlag; S. 137-138 und
http://www.nachhaltigwirtschaften.at/results.html/id3266

18 Domininghaus , Hans † & Elsner , Peter (Hrsg.) & Eyerer, Peter (Hrsg.) & Hirth , Thomas (Hrsg.); Kunststoffe-Eigenschaften und Anwendungen; 7., neu bearbeitete und erweiterte Auflage; Springer-Verlag Berlin Heidelberg 2004, 2008; Seite 1305ff

19 http://www.neue-verpackung.de/ai/resources/431b438d23b.pdf

20 Keim, Wilhelm (Hrsg.); Kunststoffe, Synthese, Herstellungsverfahren, Apparaturen; 1. Auflage; Wiley-VCH Verlag GmbH & Co. KGaA; Einheim; Seite 269

21 Domininghaus , Hans † & Elsner , Peter (Hrsg.) & Eyerer, Peter (Hrsg.) & Hirth , Thomas (Hrsg.); Kunststoffe-Eigenschaften und Anwendungen; 7., neu bearbeitete und erweiterte Auflage; Springer-Verlag Berlin Heidelberg 2004, 2008; Seite 1305ff

22 Keim, Wilhelm (Hrsg.); Kunststoffe, Synthese, Herstellungsverfahren, Apparaturen; 1. Auflage; Wiley-VCH Verlag GmbH & Co. KGaA; Einheim; Seite 275

23 Keim, Wilhelm (Hrsg.); Kunststoffe, Synthese, Herstellungsverfahren, Apparaturen; 1. Auflage; Wiley-VCH Verlag GmbH & Co. KGaA; Einheim; Seite 274f

24 Keim, Wilhelm (Hrsg.); Kunststoffe, Synthese, Herstellungsverfahren, Apparaturen; 1. Auflage; Wiley-VCH Verlag GmbH & Co. KGaA; Einheim; Seite 285

25 Keim, Wilhelm (Hrsg.); Kunststoffe, Synthese, Herstellungsverfahren, Apparaturen; 1. Auflage; Wiley-VCH Verlag GmbH & Co. KGaA; Einheim; Seite 287f

26 Keim, Wilhelm (Hrsg.); Kunststoffe, Synthese, Herstellungsverfahren, Apparaturen; 1. Auflage; Wiley-VCH Verlag GmbH & Co. KGaA; Einheim; Seite 289

27 Domininghaus , Hans † & Elsner , Peter (Hrsg.) & Eyerer, Peter (Hrsg.) & Hirth , Thomas (Hrsg.); Kunststoffe-Eigenschaften und Anwendungen; 7., neu bearbeitete und erweiterte Auflage; Springer-Verlag Berlin Heidelberg 2004, 2008; Seite 1305ff

28 http://www.chanvre-info.ch/info/de/Hochwertige-Spritzgussteile-aus.html

29 http://www-oc.chemie.uni-regensburg.de/Reiser/ChemieAlltag/Polymilchsaeure.pdf

30 http://www-oc.chemie.uni-regensburg.de/Reiser/ChemieAlltag/Polymilchsaeure.pdf

31 http://www-oc.chemie.uni-regensburg.de/Reiser/ChemieAlltag/Polymilchsaeure.pdf

32 http://www-oc.chemie.uni-regensburg.de/Reiser/ChemieAlltag/Polymilchsaeure.pdf

33 Domininghaus , Hans † & Elsner , Peter (Hrsg.) & Eyerer, Peter (Hrsg.) & Hirth , Thomas (Hrsg.); Kunststoffe-Eigenschaften und Anwendungen; 7., neu bearbeitete und erweiterte Auflage; Springer-Verlag Berlin Heidelberg 2004, 2008; Seite 1305

34 http://www-oc.chemie.uni-regensburg.de/Reiser/ChemieAlltag/Polymilchsaeure.pdf

35 http://www.uni-stuttgart.de/wechselwirkungen/ww2000/jacobsen.pdf

36 http://www.uni-stuttgart.de/wechselwirkungen/ww2000/jacobsen.pdf

37 http://www.uni-stuttgart.de/wechselwirkungen/ww2000/jacobsen.pdf

38 Michels, Dipl-Ing. Cramen & Kabasci, Dipl-Ing Stephan;pdf-Datei des Fraunhofer-Instituts; "Forschung für die Praxis: Biokunststoffe für spezielle Anwendungen"; Fraunhofer Institut Umwelt-, Sicherheits-, Energietechnik UMSICHT

39 http://www.biologie.uni-regensburg.de/Biophysik/Holler/diss_willibald/Dissertation_Willibald-.html#Heading15

40 Domininghaus , Hans † & Elsner, Peter (Hrsg.) & Eyerer, Peter (Hrsg.) & Hirth , Thomas (Hrsg.); Kunststoffe-Eigenschaften und Anwendungen; 7., neu bearbeitete und erweiterte Auflage; Springer-Verlag Berlin Heidelberg 2004, 2008; Seite 1308ff

41 http://www.biologie.uni-regensburg.de/Biophysik/Holler/diss_willibald/Dissertation_Willibald-.html#Heading15

42 ttp://www.biologie.uni-regensburg.de/Biophysik/Holler/diss_willibald/Dissertation_Willibald-.html#Heading15

43 Korn, Milan; Nachwachsende und bioabbaubare Materialien im Verpackungsbereich; 1. Auflage; Verlag Roman Kovar; München; 1993; Seite 155

44 Korn, Milan; Nachwachsende und bioabbaubare Materialien im Verpackungsbereich; 1. Auflage; Verlag Roman Kovar; München; 1993; Seite 153ff

45 Korn, Milan; Nachwachsende und bioabbaubare Materialien im Verpackungsbereich; 1. Auflage; Verlag Roman Kovar; München; 1993; Seite 157

46 Mackwitz , Univ. Lektor Dipl.-Chem. Hanswerner Mackwitz & Stadlbauer , Dr. Wolfgang; VERMEIDUNG UND VERMINDERUNG DES MÜLLAUFKOMMENS DURCH SCHLIESSUNG DES KOHLENSTOFFKREISLAUFS - Strategien und konkrete Beispiele für den Einsatz Biologisch abbaubarer Werkstoffe (BAW) in der Stadt Wien; Wien; Dezember 2001; Seite 44; Download unter https://www.wien.gv.at/umweltschutz/pool/pdf/kohlenstoff-1.pdf

47 Domininghaus , Hans † & Elsner , Peter (Hrsg.) & Eyerer, Peter (Hrsg.) & Hirth , Thomas (Hrsg.); Kunststoffe-Eigenschaften und Anwendungen; 7., neu bearbeitete und erweiterte Auflage; Springer-Verlag Berlin Heidelberg 2004, 2008; Seite 1308ff

48 Domininghaus , Hans † & Elsner , Peter (Hrsg.) & Eyerer, Peter (Hrsg.) & Hirth , Thomas (Hrsg.); Kunststoffe-Eigenschaften und Anwendungen; 7., neu bearbeitete und erweiterte Auflage; Springer-Verlag Berlin Heidelberg 2004, 2008; Seite 1308ff

49 http://www.chanvre-info.ch/info/de/Hochwertige-Spritzgussteile-aus.html

50 Domininghaus , Hans † & Elsner , Peter (Hrsg.) & Eyerer, Peter (Hrsg.) & Hirth , Thomas (Hrsg.); Kunststoffe-Eigenschaften und Anwendungen; 7., neu bearbeitete und erweiterte Auflage; Springer-Verlag Berlin Heidelberg 2004, 2008; Seite 1308ff

51 Korn, Milan; Nachwachsende und bioabbaubare Materialien im Verpackungsbereich; 1. Auflage; Verlag Roman Kovar; München; 1993; Seite 162

52 Domininghaus , Hans † & Elsner , Peter (Hrsg.) & Eyerer, Peter (Hrsg.) & Hirth , Thomas (Hrsg.); Kunststoffe-Eigenschaften und Anwendungen; 7., neu bearbeitete und erweiterte Auflage; Springer-Verlag Berlin Heidelberg 2004, 2008; Seite 1308ff

53 Korn, Milan; Nachwachsende und bioabbaubare Materialien im Verpackungsbereich; 1. Auflage; Verlag Roman Kovar; München; 1993; Seite 161f

54 Michels, Dipl-Ing. Cramen & Kabasci, Dipl-Ing Stephan;pdf-Datei des Fraunhofer-Instituts; "Forschung für die Praxis: Biokunststoffe für spezielle Anwendungen"; Fraunhofer Institut Umwelt-, Sicherheits-, Energietechnik UMSICHT

55 www.innotrade.ch

56 Korn, Milan; Nachwachsende und bioabbaubare Materialien im Verpackungsbereich; 1. Auflage; Verlag Roman Kovar; München; 1993; Seite 110f.

57 www.greenspirit.org.uk

58 Korn, Milan; Nachwachsende und bioabbaubare Materialien im Verpackungsbereich; 1. Auflage; Verlag Roman Kovar; München; 1993; Seite 110f.

59 www.seilnacht.com

60 Korn, Milan; Nachwachsende und bioabbaubare Materialien im Verpackungsbereich; 1. Auflage; Verlag Roman Kovar; München; 1993; Seite 110f.

61 http://lexikon.meyers.de/wissen/Zellstoff

62 www.wikipedia.de/Zellglas

63 www.wikipedia.de/Zellglas

64 http://www.chemie.fu-berlin.de/chemistry/kunststoffe/viskosyn.htm

65 Korn, Milan; Nachwachsende und bioabbaubare Materialien im Verpackungsbereich; 1. Auflage; Verlag Roman Kovar; München; 1993; Seite 112

66 Korn, Milan; Nachwachsende und bioabbaubare Materialien im Verpackungsbereich; 1. Auflage; Verlag Roman Kovar; München; 1993; Seite 112ff. www.umweltlexikon-online.de/fp/archiv/RUBwerkstoffmaterialsubstanz/Zellglas.php

67 http://www.chemie.fu-berlin.de/chemistry/kunststoffe/viskosyn.htm

68 Korn, Milan; Nachwachsende und bioabbaubare Materialien im Verpackungsbereich; 1. Auflage; Verlag Roman Kovar; München; 1993; Seite 112ff. www.umweltlexikon-online.de/fp/archiv/RUBwerkstoffmaterialsubstanz/Zellglas.php

69 Korn, Milan; Nachwachsende und bioabbaubare Materialien im Verpackungsbereich; 1. Auflage; Verlag Roman Kovar; München; 1993; Seite 114f.

70 Korn, Milan; Nachwachsende und bioabbaubare Materialien im Verpackungsbereich; 1. Auflage; Verlag Roman Kovar; München; 1993; Seite 114f.

71 http://de.wikipedia.org/wiki/Fumarsäure

72 Korn, Milan; Nachwachsende und bioabbaubare Materialien im Verpackungsbereich; 1. Auflage; Verlag Roman Kovar; München; 1993; Seite 115ff.

73 www.umweltlexikon-online.de/fp/archiv/RUBwerkstoffmaterialsubstanz/Zellglas.php

74 Korn, Milan; Nachwachsende und bioabbaubare Materialien im Verpackungsbereich; 1. Auflage; Verlag Roman Kovar; München; 1993; Seite 117f.

75 Korn, Milan; Nachwachsende und bioabbaubare Materialien im Verpackungsbereich; 1. Auflage; Verlag Roman Kovar; München; 1993; Seite 120

76 Korn, Milan; Nachwachsende und bioabbaubare Materialien im Verpackungsbereich; 1. Auflage; Verlag Roman Kovar; München; 1993; Seite 120

77 P.Eyerer, P.Elsner und T.Hirth; Die Kunststoffe und ihre Eigenschaften; Springer Verlag; Seite 1319

78 www.hartl-verpackung.de/

79 http://www.chemie.fu-berlin.de/chemistry/kunststoffe/acetat.htm

80 http://www.chempage.de/lexi/celluloseacetat.htm

81 Korn, Milan; Nachwachsende und bioabbaubare Materialien im Verpackungsbereich; 1. Auflage; Verlag Roman Kovar; München; 1993; Seite 121f.

82 Korn, Milan; Nachwachsende und bioabbaubare Materialien im Verpackungsbereich; 1. Auflage; Verlag Roman Kovar; München; 1993; Seite 121f.

83 P.Eyerer, P.Elsner und T.Hirth; Die Kunststoffe und ihre Eigenschaften; Springer Verlag; Seite 1319ff.

84 http://de.wikipedia.org/wiki/Biokunststoff

85 Korn, Milan; Nachwachsende und bioabbaubare Materialien im Verpackungsbereich; 1. Auflage; Verlag Roman Kovar; München; 1993; Seite 27/28

86 Korn, Milan; Nachwachsende und bioabbaubare Materialien im Verpackungsbereich; 1. Auflage; Verlag Roman Kovar; München; 1993; Seite 27/28

87 Korn, Milan; Nachwachsende und bioabbaubare Materialien im Verpackungsbereich; 1. Auflage; Verlag Roman Kovar; München; 1993; Seite 27/28

88 Korn, Milan; Nachwachsende und bioabbaubare Materialien im Verpackungsbereich; 1. Auflage; Verlag Roman Kovar; München; 1993; Seite 28

http://www.cellulose-papier.chemie.tu-darmstadt.de/Deutsch/Vorlesungen_und_Veranstaltungen/Vorlesungen/Nachwachsende_Rohstoffe/PDF/13_Staerken.pdf

89Korn, Milan; Nachwachsende und bioabbaubare Materialien im Verpackungsbereich; 1. Auflage; Verlag Roman Kovar; München; 1993; Seite 28
http://www.cellulose-papier.chemie.tu-darmstadt.de/Deutsch/Vorlesungen_und_Veranstaltungen/Vorlesungen/Nachwachsende_Rohstoffe/PDF/13_Staerken.pdf

90Belitz, Prof. Dr. Hans Dieter & Grosch, Prof. Dr. Werner; Lehrbuch der Lebensmittelchemie; 3. überarbeitete Auflage; Springer-Verlag; Berlin; 1987; Seite 257

91 http://www.cellulose-papier.chemie.tu-darmstadt.de/Deutsch/Vorlesungen_und_Veranstaltungen/Vorlesungen/Nachwachsende_Rohstoffe/PDF/13_Staerken.pdf

92 http://www.cellulose-papier.chemie.tu-darmstadt.de/Deutsch/Vorlesungen_und_Veranstaltungen/Vorlesungen/Nachwachsende_Rohstoffe/PDF/13_Staerken.pdf

93 P.Eyerer, P.Elsner und T.Hirth; Die Kunststoffe und ihre Eigenschaften; Springer Verlag; Seite1444

94 P.Eyerer, P.Elsner und T.Hirth; Die Kunststoffe und ihre Eigenschaften; Springer Verlag; Seite 1444/1445

95 P.Eyerer, P.Elsner und T.Hirth; Die Kunststoffe und ihre Eigenschaften; Springer Verlag; Seite 1445

96 P.Eyerer, P.Elsner und T.Hirth; Die Kunststoffe und ihre Eigenschaften; Springer Verlag; Seite 1445

97 P.Eyerer, P.Elsner und T.Hirth; Die Kunststoffe und ihre Eigenschaften; Springer Verlag; Seite 1445

98 http://www.vpz.at/de/images/user_img/Produkte/gross/wg26.jpg; http://www.vpz.at/de/images/user_img/Produkte/gross/wg25.jpg

99 Korn, Milan; Nachwachsende und bioabbaubare Materialien im Verpackungsbereich; 1. Auflage; Verlag Roman Kovar; München; 1993; Seite 76/77

100 Korn, Milan; Nachwachsende und bioabbaubare Materialien im Verpackungsbereich; 1. Auflage; Verlag Roman Kovar; München; 1993; Seite 85

101 http://www.materbi.com/de/html/prodotto/cosematerbi/indexmaterbi.html

102 http://www.cellulose-papier.chemie.tu-darmstadt.de/Deutsch/Vorlesungen_und_Veranstaltungen/Vorlesungen/Nachwachsende_Rohstoffe/PDF/13_Staerken.pdf

103 http://www.inaro.de/deutsch/ROHSTOFF/industrie/STAERKE/baw.htm

104 http://www.fnr-server.de/cms35/fileadmin/allgemein/pdf/veranstaltungen/10symposium/vortrag/3_Volkert_Polysaccharide.pdf

105 http://www.wipo.int/pctdb/en/wo.jsp?IA=DE1995001732&DISPLAY=DESC

106 http://www.innoform-coaching.de/Programme/BF-06-07_Vorworte.pdf, Seite 4

107 http://www.innoform-coaching.de/Programme/BF-06-07_Vorworte.pdf, Seite 4

108 http://www.innoform-coaching.de/Programme/BF-06-07_Vorworte.pdf, Seite 4

109 http://www.innoform-coaching.de/Programme/BF-06-07_Vorworte.pdf, Seite 4